Petri 网的元展
——一种并发系统模型检测方法

刘关俊　著

科学出版社

北　京

内 容 简 介

本书主要介绍 Petri 网的元展这一用于并发系统模型检测的方法，利用元展检测并发系统健壮性、兼容性与死锁，并利用元展检测能够表达更多的并发系统设计需求的计算树逻辑，同时还探讨了健壮性、兼容性、死锁等判定问题的复杂度。全书共 10 章，具有严格的形式化定义、丰富的示例与图文解释、严谨的定理及其证明，以及清晰的算法描述。

本书可供从事并发理论、Petri 网理论、形式化方法、模型检测、工作流管理系统、分布式系统、离散事件动态系统等方向的研究生使用，也可供相关教师、科研人员和工程技术人员参考。

图书在版编目(CIP)数据

Petri 网的元展：一种并发系统模型检测方法/刘关俊著. —北京：科学出版社, 2020.10
　　ISBN 978-7-03-066259-0

Ⅰ. ①P…　Ⅱ. ①刘…　Ⅲ. ①Petri 网–研究　Ⅳ. ①TP393.19

中国版本图书馆 CIP 数据核字(2020) 第 184413 号

责任编辑：赵艳春 / 责任校对：杨　然
责任印制：吴兆东 / 封面设计：迷底书装

科学出版社 出版
北京东黄城根北街 16 号
邮政编码：100717
http://www.sciencep.com

北京中石油彩色印刷有限责任公司 印刷
科学出版社发行　各地新华书店经销
＊

2020 年 10 月第 一 版　开本：720×1000　B5
2021 年 3 月第二次印刷　印张：10 3/4
字数：210 000
定价：99.00 元
(如有印装质量问题，我社负责调换)

作 者 简 介

刘关俊，男，教授，博士生导师。2011 年获得同济大学计算机软件与理论专业博士学位，同年赴新加坡科技设计大学从事博士后研究工作；2013 年回国，并进入同济大学计算机科学系任教，同年获得德国洪堡基金资助，赴柏林洪堡大学从事博士后研究工作。

主要从事形式化方法、模型检测、Petri 网等方面的理论与应用研究，目前也从事机器学习及其在网络交易欺诈检测方面的研究。已出版学术专著 1 本，发表学术论文 90 余篇，包括 *Science China Information Sciences*、*ACM Transactions on Embedded Computing Systems*、*ACM Transactions on Cyber- Physical Systems*、*IEEE Transactions on Services Computing*、*IEEE Transactions on Industrial Informatics* 等期刊论文近 50 篇，以及国际 Petri 网年会（International Conference on Application and Theory of Petri Nets and Concurrency）等会议论文 40 余篇。

刘关俊主持国家自然科学基金面上项目与青年基金项目、上海市曙光计划人才项目、中央高校交叉项目（重大）等多项，获得国家科技进步奖二等奖、上海市科技进步奖一等奖、中国电子学会自然科学一等奖、吴文俊人工智能技术发明奖一等奖、上海市优秀博士论文奖以及首届教育部国务院学位委员会博士研究生学术新人奖等。刘关俊是中国计算机学会形式化方法专委会委员、中国自动化学会网络信息服务专委会委员、中国人工智能学会智能空天系统专委会委员、IEEE Senior Member。

序　言

　　并发（concurrency），既是物理世界中客观存在的一种现象，又是诸多人造系统所追求的一个目标。并行计算与处理能够有效地提高系统的性能，提高生产力，而活动间的并发关系是其核心概念。无论是经典的高性能计算机与分布式并行处理，还是目前流行的云计算、物联网乃至火热的人工智能（所需要的底层对大数据的有效处理），无不涉及并发问题，可谓并发时时在、处处需。然而，并发系统规模的增长、系统设计开发过程中人工因素的增多以及活动间异步并发程度的提高（而非按照一个设定好的完全顺序执行），更有可能导致系统功能不能完全符合要求，如出现死锁或数据不一致等问题。因此，系统投入运行之前进行正确性检测是必须的，而利用形式化方法对并发系统进行建模与验证是对系统正确性检测的重要手段之一。

　　Petri 网是一种能够刻画并发的形式化模型，基于 Petri 网的并发系统建模与验证得到了广泛的研究与应用。然而，对 Petri 网进行分析时，多是利用可达图这一技术手段。可达图是在交错语义下对系统顺序执行行为的一种表达方式，是系统所有的可达状态以及状态之间的迁移关系的直接而详细的表达。尽管通过 Petri 网的可达图通常能够分析一个系统（在该模型下）所关心的诸多正确性问题，然而，交错语义也造就了可达图技术存在两个方面的缺陷：一是难以反映出事件间的并发关系，而有些系统正确性验证与并发密切相关，如数据一致性验证；二是存储空间的状态爆炸问题，这严重影响了该技术的实际应用。Petri 网的分支进程是一种表达系统并发行为的方式，利用它可以求解出系统中所有的并发事件对；分支进程也能够表达出所有的系统状态以及状态间的迁移关系；又由于分支进程基于偏序关系，所以能够有效地节约存储空间，从而缓解状态爆炸问题（特别显著地，系统中有大量并发事件的情况）。因此，利用 Petri 网的分支进程验证系统正确性是一个值得研究的方向。

　　本书提出了一种称为元展的特殊的分支进程，证明了它的有限性与完整性。给出并证明了基于元展判定系统死锁、健壮性、兼容性的充分必要条件，基于这些充分必要条件设计了检测死锁、健壮性、兼容性的算法。更一般地，设计了利用元展检测计算树逻辑的算法，而计算树逻辑能够表达更多的并发系统设计需求。基于这些算法，开发了相关工具，并通过若干实例以展示它们的可应用性。另外，还发现并证明了并发系统中死锁判定问题、健壮性判定问题、兼容性判定问题的复杂度，明确了这些判定问题在复杂度家族中的位置（从而促使我们探索一些新型有效的检测方法与技术）。围绕这些内容，本书作者已发表 SCI、EI 检索的学术论文近 30 篇，获得 2016 年度中国电子学会自然科学一等奖。

本书以理论为指导，以应用为目标，以严格的形式化定义、丰富的实例与图示、严谨的定理及其证明以及清晰的算法描述为宗旨，适合计算机、通信、自动控制等专业的高年级本科生与研究生，也可供教师、科研人员和工程技术人员做参考。

本书的研究得到诸多学者与同学支持，特别是同济大学蒋昌俊教授、柏林洪堡大学 Wolfgang Reisig 教授、新泽西理工学院 Mengchu Zhou 教授、新加坡科技设计大学 Jun Sun 教授、新加坡国立大学 Jinsong Dong 教授、新加坡南洋理工大学 Yang Liu 教授、日本爱知县立大学 Atsushi Ohta 教授，以及同济大学博士研究生相东明、硕士研究生董兰兰与张昆同学，在此表示衷心的感谢。

本书的研究还得到国家重点研发计划（No. 2017YFB1001804）、国家自然科学基金（No. 61572360）、上海市曙光计划（No. 15SG18）、中央高校基本科研业务费专项资金（No. 22120190198）、德国洪堡基金、新加坡科技设计大学博士后基金等项目资助，在此一并感谢！

本书献给我的妻子陈黎静、我的女儿刘陈阳与刘陈月以及我的母亲，感谢她们给予我的最无私的支持与关爱。

由于作者水平有限，书中仍有不足之处，恳请读者批评指正。

作　者
2019 年 9 月

目　　录

第 1 章 绪 论

并发系统正确性检测是其开发设计时重要的环节，为其后续安全可靠的运行提供了保障。模型检测是并发系统正确性检测的重要方法之一，而 Petri 网作为一种重要的刻画并发系统行为的数学模型在检测系统正确性上得到了广泛的研究与应用。本章就相关研究背景、研究现状与问题以及研究内容做简单综述。

1.1 研 究 背 景

并发理论需要一个全新的概念框架，而不只是对已有顺序计算的细化。（A theory of concurrency requires a new conceptual framework, not just a refinement of what we find natural for sequential computing[1]. ）

—— 图灵奖获得者 Milner 教授

详细表征并发系统并非易事，即使对一个简单系统，也经常难以找到恰当的易于理解的抽象方式。（Concurrent systems are not easy to specify. Even a simple system can be subtle, and it is often hard to find appropriate abstractions that make it understandable [2]. ）

—— 图灵奖获得者 Lamport 教授

Carl-Adam Petri 是离散并发系统科学建模的开创者，Petri 的工作是并发理论的根源所在。（··· Carl-Adam Petri, who pioneered the scientific modelling of discrete concurrent systems. Petri's work ① has a secure place at the root of concurrency theory [1].）

—— 图灵奖获得者 Milner 教授

并行计算与处理有效地提高了系统效率。从高性能计算 [3,4] 到量子计算 [5,6]，从云计算 [7–10] 到物联网 [11–13]，从工业流水线 [14–19] 到智能制造 [20–22]，提高并行计算与处理的能力是其追求的目标之一，而并发（concurrency）是核心要素[23,24]。然而，系统设计开发过程中人工因素的增多以及活动间异步并发程度的提高（而非按照一个设定好的完全序执行），更有可能导致系统功能不完全符合设计要求，如

———————————
① Petri's work 是指 Petri 教授创建的 Petri 网模型与理论。

出现死锁、活锁或数据不一致等问题。因此，并发系统行为正确性检测是必须的。然而，随着并发系统规模的增长，系统正确性检测更加困难 [25-29]。

系统正确性检测有两种主流方法：测试（test）[30] 与验证（verification）[31]。测试的思路通常是预先生成大量的测试用例来检测系统在这些用例下是否会出现问题。验证的思路通常是利用形式化方法对实际系统进行抽象建模，然后在这些形式化模型的基础上验证某些性质（如无死锁、公平性、数据一致性等）。如果这些性质是利用时序逻辑（如线性时序逻辑或计算树逻辑等）进行表述，然后再在形式化模型的基础上进行验证，这就是模型检测（model checking）[31-38]。

显然，对系统抽象建模是验证的前提。正如图灵奖获得者 Lamport 教授所指出的：详细表征并发系统并非易事 [2]。尽管如此，还是有少数杰出的科学家在并发系统的建模上做出了开创性的工作，创建了不同的形式化模型，如：Petri 网（Petri nets）[39]、进程代数（process algebra）[40]、通信序列进程（communicating sequential processes）[41]、π- 演算（π-calculus）[42] 等，这为后续科学家与科研工程人员取得创新性与应用性的成果打下了基础。由于 Petri 网易于刻画顺序、选择、真并发等关系，并且有着多种分析方法，所以，Petri 网在并发系统的建模与验证中得到了广泛的研究与应用 [43-50]；在国内，也创建了有关的学术专委会，并且在高校与科研院所中也形成了有关的科研团队，取得了丰硕的成果 [51-63]。

对 Petri 网的分析方法而言，可达图 [50,55,64-68] 通常是被普遍采用的方法①。一个 Petri 网的可达图就是将所有的（被该模型模拟的）系统状态以及状态间的迁移关系直接表达出来，是将这个 Petri 网转化为一个自动机来描述所有的运行行为，进而基于此来检测系统的正确性。对于 Petri 网中在一个状态下可并发的两个活动 a 与 b 来说，在其可达图中使用 ab 与 ba 两个交错执行的序列（以及相应的可达状态）来表示系统可能的运行。这种交错语义下的表达会造成两个问题。

(1) 可达图难以直接表达 a 与 b 是否并发。考虑如下情况：活动 a 和活动 b 被一个锁机制约束，并且在一个状态下序列 ab 与序列 ba 均能发生但 a 和 b 不能并发。这种情况产生的可达图与完全并发的情况产生的可达图是同构的，因此，可达图难以直接表达并发。然而，有些系统待验证的问题需要知道两个活动是否并发，如数据一致性验证 [69]。因此，在这个问题下，就需要能够表达并发关系的验证方法与技术。

(2) 可达图会出现状态空间爆炸问题 [26-29]。当系统中存在大量并发活动时，交错执行显然会导致可达图中状态的指数级增长。存储空间的急剧增长为自动验证技术带来了挑战。因此，在这个问题下，也需要能够缓解状态爆炸的验证方法与技术。

---

① 实际上，对其他形式化模型来说，这也是被普遍采用的。

为了避免可达图状态空间爆炸问题，Petri 网还存在另外一种分析技术：基于网结构的分析[18,70-83]。如自由选择网，它们的活性与死锁可以有效地通过网结构来判定[84]，并且自由选择的工作流网的健壮性（soundness）可以在多项式时间内通过这些网结构来判定[85]。对一些非对称选择的 Petri 网也存在基于网结构的判定其死锁、活锁、兼容性的充要条件[86-88]。然而，从一般情况来看，目前也只能针对一些性质（如可达性、活性等）给出充分却非必要或者必要却非充分的判定条件；能够满足既充分且必要条件的网类，它们的模拟能力往往又受到很大限制。文献[89]声称他们对许多真实的工业业务流程进行 Petri 网建模并利用检测工具 LoLA 与 Woflan 能够在微秒级判断其健壮性[90]，这是因为他们验证的这些系统模型都是自由选择网。然而，现实中大量并发系统已不能被自由选择网模拟。因此，基于网结构的分析检测有其优点，但又有其局限性。

综上所述，研究其他有效分析验证方法是有意义的。这样的方法应当既具有普适性（而不像基于网结构的分析验证通常只面向一些特殊结构的网类），又应当能够缓解状态空间爆炸问题，同时在必要时还能够直接求解活动间的并发关系。Petri 网的分支进程就具有这样的优点。

1.2 研究现状与问题

分支进程（branching process）[91-95] 是 Petri 网较其他形式化方法所独有的另一个分析方法。它起源于 Petri 最初所定义的 Petri 网进程，也称为分布式运行（distributed run）[50]。Petri 最初使用 Petri 网进程作为并发语义以替代交错语义（interleaving semantics）解释 Petri 网的运行。一个 Petri 网的进程用来刻画此 Petri 网的某一次运行，而此次运行过程中哪些活动的执行是先后依赖（即顺序关系）、哪些活动是能够并发执行（即并发关系），都可以通过这个进程来表征①。后来，McMillan 发现将这些进程组合在一起所形成的分支进程 —— 一种偏序结构的进程表达手段，却能很好地缓解状态空间爆炸问题（特别是针对具有许多并发事件的系统）[96-98]，是符号模型检测（symbolic model checking）技术的基础[31-38]。注：也存在另外一些偏序规约（partial order reduction）技术缓解状态爆炸[99-102]，但似乎符号模型检测技术更加有效[103]。

实际上，一个 Petri 网的一个分支进程是用一种称作出现网（occurrence net）的特殊的 Petri 网去表征原 Petri 网的行为。出现网中不存在环路，也不存在冲撞（即每个库所最多有一个输入变迁），并且出现网与原 Petri 网间存在一个同态映射。一个分支进程中的元素之间只处于顺序关系或冲突关系或并发关系之中，是对

---

① 在进程中没有选择（即冲突关系），因为一个进程就是在考虑并发的情况下来表达一次执行的情况；而在分支进程中恰恰是把选择考虑进去。

原 Petri 网的展开。

如果一个 Petri 网的运行存在循环或者是无界的，则它的分支进程有无限多个。因此，利用分支进程去分析验证系统正确性，通常要先得到一个有限完整的分支进程。有限性就是该分支进程中只有有限个元素，无限的话难以计算机实现。完整性就是要求该分支进程能够表达出原 Petri 网的所有运行行为 [93]。存在着若干种方法 [91-95] 来求解一个有限完整的分支进程，而较为流行的是 Esparza 等改进的 McMillan 最初所提出的方法 [104,105]。

基于 Petri 网分支进程的研究成果也很多，如多线程的死锁、活锁检测 [106]，异步控制电路中的常态（normalcy）检测 [94]，离散事件系统可诊断性（diagnosability）判定 [107,108]，离散事件系统稳定性（stability）与鲁棒性（robustness）分析 [109]，实时系统的监控（supervision）[110,111]，复杂通信系统中全局异步局部同步（globally asynchronous locally synchronous）电路的死锁检测 [112]，不同业务流模型行为轮廓（behavioral profile）相似性计算 [113-115]，线性时序逻辑（linear temporal logic）检测 [116,117] 等。

然而，目前在以下两个方面对 Petri 网分支进程的研究还比较薄弱：

(1) 对无界 Petri 网的分支进程的研究较少。上述这些研究，基本上均是假定给定的 Petri 网是安全的（即 1- 有界的），而有些系统正确性如工作流网的健壮性，需要考虑是否无界的情况 [118]。

(2) 缺少利用 Petri 网的分支进程检测工作流系统健壮性、跨组织工作流系统兼容性（compatibility）、资源分配系统的死锁、并发系统数据不一致性（data inconsistency）等工作，特别是利用分支进程检测计算树逻辑（computation tree logic，CTL）的研究还是空白。

因此，本书针对上述问题开展相关研究，提出元展（primary unfolding）这一特殊的分支进程，并基于元展检测工作流系统健壮性、跨组织工作流系统兼容性、资源分配系统的死锁以及计算树逻辑公式。

1.3 研 究 内 容

本书剩余的内容包括：

第 2 章，对 Petri 网、工作流网、资源分配网、计算树逻辑等基本概念进行介绍。

第 3 章，发现并证明工作流网健壮性判定问题、跨组织工作流网兼容性判定问题以及资源分配网死锁判定问题的复杂度，明确这些判定问题在复杂度家族中的位置。

第 4 章,回顾 Petri 网分支进程与展开的相关概念,提出元展这一特殊的分支进程,证明它的有限性与完整性,给出求解算法。

第 5 章,给出并证明基于元展判定工作流网(弱)健壮性的充分必要条件,并给出一个应用实例。

第 6 章,给出基于元展判定跨组织工作流网(弱)兼容性的充分必要条件,基于展开思想探索判定一类跨组织工作流网兼容性的充分必要条件。

第 7 章,给出并证明基于元展判定资源分配系统死锁的充分必要条件,设计验证算法,并给出了两个应用实例。

第 8 章,设计利用元展检验计算树逻辑的算法,并给出一个应用实例。

第 9 章,简单介绍所开发的工具。

第 10 章,简单做一总结,并展望待研究的工作。

本书对主要的概念以及每一项研究成果,都有详细的实例与图示来辅助理解,尽量做到深入浅出。

尽管已经存在很多利用 Petri 网与模型检测的方法来分析工作流系统健壮性 [85,86,89,119–124]、跨组织工作流系统兼容性 [125–130]、资源分配系统死锁 [14,16,17,131–136]、计算树逻辑 [31,137–140] 的研究,但本书不仅是对这些研究的一个有益补充,更是对新知识、新方法的积极探索。

第2章 基 本 知 识

本章首先介绍袋集，一个在诸多定义中被用到的基本数学概念；然后介绍广泛用于模拟并发系统的数学模型 ——Petri 网，以及利用 Petri 网所表达的系统的一些基本性质，如有界性、死锁、活锁、活性与健壮性；最后将介绍一种用于表达系统一般性质的逻辑语言 —— 计算树逻辑。

2.1 袋 集

袋集（bag）[141]，有时也称为多集（multi-set），是对一般集合（set）的一种扩展，它允许一个元素多次出现。先给出几个特殊集合的符号，它们将贯穿整本书。

$\mathbb{N} = \{0, 1, 2, \cdots\}$：所有非负整数的集合，即自然数集。

$\mathbb{N}^+ = \{1, 2, 3, \cdots\}$：所有正整数的集合。

$\mathbb{N}_k = \{0, 1, 2, \cdots, k\}, \forall k \in \mathbb{N}$。

$\mathbb{N}_k^+ = \{1, 2, \cdots, k\}, \forall k \in \mathbb{N}^+$。

定义 2.1(袋集) 给定集合 S，S 上的一个袋集是一个映射 $B : S \to \mathbb{N}$；集合 S 上的一个袋集 B 用一对空的方括号表示：

$$B = [\![B(s) \cdot s | s \in S]\!]$$

例 2.1 给定集合 $S = \{s_1, s_2, s_3, s_4\}$，则 $B : B(s_1) = 8, B(s_2) = 0, B(s_3) = 1, B(s_4) = 3$ 是 S 上的一个袋集，简记为 $B = [\![8s_1, s_3, 3s_4]\!]$。

为方便后面内容的叙述，定义袋集的比较运算关系。给定集合 S 上的两个袋集 B_1 与 B_2。

(1) $B_1 \geqslant B_2$ 当且仅当 $\forall s \in S : B_1(s) \geqslant B_2(s)$。

(2) $B_1 \leqslant B_2$ 当且仅当 $\forall s \in S : B_1(s) \leqslant B_2(s)$。

(3) $B_1 = B_2$ 当且仅当 $\forall s \in S : B_1(s) = B_2(s)$。

(4) $B_1 \neq B_2$ 当且仅当 $\exists s \in S : B_1(s) \neq B_2(s)$。

(5) $B_1 \ngeqslant B_2$ 当且仅当 $\exists s \in S : B_1(s) < B_2(s)$。

(6) $B_1 \nleqslant B_2$ 当且仅当 $\exists s \in S : B_1(s) > B_2(s)$。

(7) $B_1 \gneqq B_2$ 当且仅当 $B_1 \geqslant B_2 \wedge B_1 \neq B_2$。

(8) $B_1 \lneqq B_2$ 当且仅当 $B_1 \leqslant B_2 \wedge B_1 \neq B_2$。

令 B 是集合 S 上的一个袋集，S' 是 S 的一个子集，定义 $B(S')$ 如下：

$$B(S') = \sum_{s \in S'} B(s)$$

$B(S')$ 表示 B 在 S' 上的投影（projection），有时记为 $B \upharpoonright S'$。

实际上，集合 S 的一个子集 S' 也可以看作此集合上的一个特殊的袋集，即如果 $s \in S'$，则 $S'(s) = 1$，否则 $S'(s) = 0$。这种形式在后面定义分支进程时用到。

2.2 并发系统的 Petri 网模型

本节将介绍 Petri 网的一般定义以及一些基本性质，并介绍一些与应用相关的 Petri 网子类，更详细的介绍可参考文献 [50]、[55]、[64]、[84]、[125]、[142]。

2.2.1 Petri 网的定义

定义 2.2(网)　一个网 (net) 是一个三元组 $N = (P, T, F)$，其中：

(1) P 是库所 (place) 的集合，简称库所集。

(2) T 是变迁 (transition) 的集合，简称变迁集，且满足 $P \cap T = \varnothing$。

(3) $F \subseteq (P \times T) \cup (T \times P)$ 是一个流关系 (flow relation)，也称作弧 (arc) 的集合，简称弧集。

一个网可以用一个有向二部图表示（图 2.1），其中圆圈型的节点代表库所，方框型的节点代表变迁，连接圆圈与方框的弧代表流关系。

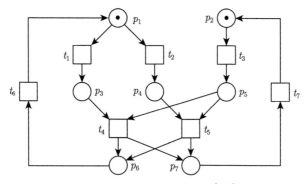

图 2.1　一个 Petri 网示例 [104]

如果变迁 t 与库所 p 满足 $(t, p) \in F$，则称 t 是 p 的输入变迁（input transition）而 p 则是 t 的输出库所（output place）；相应地，可定义输出变迁（output transition）与输入库所（input place）。

给定网 $N = (P, T, F)$ 与节点 $x \in P \cup T$，x 的前集（pre-set）与后集（post-set）分别被定义为

$$^\bullet x = \{ y \in P \cup T | (y, x) \in F \}$$

$$x^{\bullet} = \{y \in P \cup T | (x, y) \in F\}$$

前集与后集的概念可以拓展到一组节点上，即给定 $X \subseteq P \cup T$，X 的前集与后集分别被定义为

$$^{\bullet}X = \bigcup_{x \in X} {}^{\bullet}x$$

$$X^{\bullet} = \bigcup_{x \in X} x^{\bullet}$$

网 $N = (P, T, F)$ 的一个标识（marking）是库所集 P 上的一个袋集 $M : P \to \mathbb{N}$。通常，一个标识 M 代表了系统的一个全局状态，而这个全局状态是由一组局部状态构成的；一个库所 p 在 M 下被标识的数 $M(p)$ 代表了一个局部状态，而在对应库所 p 的网图圆圈里放入 $M(p)$ 个称作托肯（token）的小黑点来表示相应的局部状态；当然，当 $M(p)$ 比较大时，不容易在一个小圆圈中画出 $M(p)$ 个托肯，此时一般将数值 $M(p)$ 直接写入圆圈内；如果 $M(p) = 0$，则相应圆圈内既不画出任何托肯也不写入数字 0。

例 2.2 对于图 2.1 中 Petri 网的当前标识来说，库所 p_1 与 p_2 各有一个托肯，其他库所没有托肯，此标识被记为 $[\![p_1, p_2]\!]$。

为叙述方便起见，称库所 $p \in P$（相应地，库所子集 $P' \subseteq P$）在标识 M 下被标识（marked），当且仅当 p（相应地，P'）在 M 下有托肯，即 $M(p) > 0$（相应地，$M(P') > 0$）。

定义 2.3 (Petri 网)　一个 Petri 网 (Petri net) 是一个带有初始标识 (initial marking) 的网，有时也称作网系统 (net system)，记作 $(N, M_0) = (P, T, F, M_0)$，其中 M_0 为初始标识。

一个系统处于某个状态时，一些事件（用变迁表示）是可以发生的，而一些事件是不能发生的，并且发生一个事件就会导致系统状态的变化。因此，需要定义 Petri 网变迁的使能（enabling）与发生（firing）规则，借此可模拟系统的运行。

定义 2.4 (使能)　给定网 $N = (P, T, F)$ 与 P 上的标识 M，如果变迁 $t \in T$ 满足：

$$\forall p \in {}^{\bullet}t : M(p) > 0$$

则称 t 在 M 下是使能的 (enabled)，记为 $M[t\rangle$，否则，称 t 在 M 下是不使能的 (disabled)，记为 $\neg M[t\rangle$。

定义 2.5 (发生)　给定网 $N = (P, T, F)$、P 上的标识 M 以及 M 下使能的变迁 t，发生 t 则产生一个新标识 M'：

$$M'(p) = \begin{cases} M(p) - 1, & p \in {}^{\bullet}t \setminus t^{\bullet} \\ M(p) + 1, & p \in t^{\bullet} \setminus {}^{\bullet}t \\ M(p), & \text{其他} \end{cases}$$

例 2.3 图 2.1 中，变迁 t_1、t_2 与 t_3 在标识 $[\![p_1,\ p_2]\!]$ 下均是使能的，而变迁 t_1 发生后，产生新的标识 $[\![p_2,\ p_3]\!]$，而在此标识下 t_2 不再是使能的，但 t_3 仍然是使能的。

用符号 $M[t\rangle M'$ 表示在标识 M 下发生变迁 t 产生新标识 M'。

网 $N = (P, T, F)$ 的关联矩阵（incidence matrix）是一个 $|T| \times |P|$ 的矩阵

$$U = \begin{bmatrix} a_{ij} \end{bmatrix}_{|T| \times |P|}$$

式中

$$a_{ij} = \begin{cases} -1, & t_i \in p_j^{\bullet} \setminus {}^{\bullet}p_j \\ 1, & t_i \in {}^{\bullet}p_j \setminus p_j^{\bullet} \\ 0, & \text{其他} \end{cases}$$

给定网 $N = (P, T, F)$ 及其关联矩阵 U，如果一个 $|P|$ 维非负整数向量 I 满足：

$$U \cdot I = 0$$

则称 I 为 N 的一个 P-不变量（P-invariance），有时也称作 P-半流（P-semiflow）。

P-不变量 I 的支集（support）定义为

$$\|I\| = \{p \mid I(p) \neq 0\}$$

如果 P-不变量 I 的 $|P|$ 个元素间不存在大于 1 的正的公约数，且任何其他 P-不变量的支集都不是 $\|I\|$ 的真子集，则称 $\|I\|$ 是极小的（minimal）。下列符号选自文献 [143]：

$$\rho(t, I) = \sum_{p \in {}^{\bullet}t} I(p)$$

2.2.2 可达性、活性、死锁与活锁

给定网 $N = (P, T, F)$ 及其标识 M，如果变迁序列 $\sigma = t_1 t_2 \cdots t_k$ 满足：

$$M[t_1\rangle M_1[t_2\rangle \cdots M_{k-1}[t_k\rangle M_k$$

则称标识 M_k 是从标识 M 可达的（reachable），简记为 $M[\sigma\rangle M_k$，而该序列称为一个（在 M 下）可发生序列（firable sequence）。在网 N 中从标识 M 可达的所有标识的集合记为 $R(N, M)$。

基于上述规则，可以从一个 Petri 网的初始标识来构造一个称为可达图（reachability graph）的有向图，而 Petri 网的所有（顺序但非并发）运行情况可以通过该可达图来表达。在此可达图中，节点由所有可达标识形成，从一个节点到另一个节

点存在一条弧，当且仅当在前一个节点所表示的标识下能发生一个变迁而产生后一个节点所表示的标识（所以，该弧上将被标注为这一变迁）。可达图及其构造算法可参考文献 [55]、[64]、[141]，在此不再复述。

Petri 网的可达图是分析系统性质的重要手段，然而它也存在两大弊端：一是状态爆炸问题，随网规模或初始托肯数的增加，其可达标识数可能呈指数级增长，这样就对计算机的自动分析检测造成障碍；二是难以反映并发，因为可达图表达的是交错语义（interleaving semantics）而非并发语义（concurrent semantics），而一些系统性质（如数据不一致性 [144]）与并发事件密切相关。后面将看到，Petri 网的展开技术能够有效地避免或缓解上述弊端。

如果 Petri 网 $(N, M_0) = (P, T, F, M_0)$ 满足：

$$\exists k \in \mathbb{N}, \forall p \in P, \forall M \in R(N, M_0): M(p) \leqslant k$$

则称此 Petri 网是 k-有界的（k-bounded），简称有界的（bounded）；否则是无界的（unbounded）。特别地，当 $k = 1$ 时，称此 Petri 网是安全的（safe）。

显然，一个无界 Petri 网具有无限多个标识，因此，其可达图具有无限多个节点。所以，利用可达图难以分析无界 Petri 网。一种称为可覆盖图（coverable graph）的技术可用于分析无界 Petri 网。简单地说，如果一个可达标识覆盖另外一个可达标识，在可达图中就将它们对应的节点合为一个。然而，可覆盖图会丢失相应 Petri 网的一些信息，因而有些性质不能通过它来分析 [55,141]。此处不再细述这一技术，但是可覆盖 [145] 的概念会在后面用到，此处给出。

给定 Petri 网 (N, M_0) 以及可达标识 $M \in R(N, M_0)$，如果存在可达标识

$$M' \in R(N, M)$$

满足：

$$M' \geqslant M$$

则称 M 是可覆盖的（coverable），或称 M' 覆盖（cover）M；如果

$$M' \gneqq M$$

则称 M' 真覆盖（properly cover）M。

值得注意的是，Petri 网的可达性与状态方程（state equations）的解密切相关：如果在网 N 中标识 M' 是从标识 M 可达的，则状态方程

$$M + XU = M'$$

有非负整数解，但反之并不成立 [64]。然而，对无环的网 N，标识 M' 是从标识 M 可达的，当且仅当状态方程

$$M + XU = M'$$

有非负整数解 [64]。

定义 2.6(活性)　给定 Petri 网 $(N, M_0) = (P, T, F, M_0)$，如果对每一个变迁 $t \in T$ 与每一个可达标识 $M \in R(N, M_0)$，总存在可达标识 $M' \in R(N, M)$ 满足 $M'[t\rangle$，则称该 Petri 网是活的 (live)。

活性是一个要求较强的性质，它意味着系统一旦开始运行就永远不会停止，并且任一系统事件都有（潜在）机会发生。而与其密切相关、要求相对弱一些但系统更为关注的两个性质是无死锁性（deadlock-free-ness）以及无活锁性（livelock-free-ness）。死锁意味着这样一种状态：多个进程相互等待对方的执行从而自身才可以继续执行，但每一个均无法执行从而永远不能到达终止状态。活锁意味着这样一种状态：一些进程的确在经常地执行而变换状态，但永远不能到达终止状态。因此，死锁与活锁都是系统所不希望出现的状态。定义死锁与活锁时，预先设定一个系统有一个终止状态（final state）；并且为了方便，有时将一个 Petri 网记为

$$(N, M_0, M_d) = (P, T, F, M_0, M_d)$$

式中，M_0 与 M_d 分别为初始与终止标识。

定义 2.7(死锁)　给定 Petri 网 $(N, M_0, M_d) = (P, T, F, M_0, M_d)$，在可达标识 $M \in R(N, M_0)$ 下，如果每个变迁都不使能并且 M 不是终止标识，即

$$M \neq M_d \wedge \forall t \in T : \neg M[t\rangle$$

则称 M 是 (N, M_0, M_d) 的一个死锁 (deadlock)。

定义 2.8(活锁)　给定 Petri 网 $(N, M_0, M_d) = (P, T, F, M_0, M_d)$，在可达标识 $M \in R(N, M_0)$ 下，如果终止标识永远不能被到达但总存在变迁是使能的，即

$$\forall M' \in R(N, M), \exists t \in T : M[t\rangle \wedge M' \neq M_d$$

则称 M 是 (N, M_0, M_d) 的一个活锁 (livelock)。

依据活锁的定义易知：从一个活锁可达的任意标识都是一个活锁，而在每个活锁状态下又均有事件可以执行。显然，如果一个 Petri 网是活的，则它既不存在死锁也不存在活锁。

2.2.3　结构良好的 Petri 网子类及其性质

下面定义一些 Petri 网子类，在判定其活性上存在一些良好的论断。

定义 2.9(状态机)　如果网 $N = (P, T, F)$ 满足：

$$\forall t \in T : |{}^\bullet t| = |t^\bullet| = 1$$

则称 N 是一个状态机 (state machine)。

定义 2.10(标识图) 如果网 $N = (P,\ T,\ F)$ 满足:

$$\forall p \in P: |{}^\bullet p| = |p^\bullet| = 1$$

则称 N 是一个标识图 (marked graph)。

定义 2.11(自由选择网) 如果网 $N = (P,\ T,\ F)$ 满足:

$$\forall t_1,\ t_2 \in T: ({}^\bullet t_1 \cap {}^\bullet t_2 \neq \varnothing \wedge t_1 \neq t_2) \Rightarrow |{}^\bullet t_1| = |{}^\bullet t_2| = 1$$

则称 N 是一个自由选择网 (free choice net)。

定义 2.12(非对称选择网) 如果网 $N = (P,\ T,\ F)$ 满足:

$$\forall p_1,\ p_2 \in P: p_1^\bullet \cap p_2^\bullet \neq \varnothing \Rightarrow (p_1^\bullet \subseteq p_2^\bullet \vee p_2^\bullet \subseteq p_1^\bullet)$$

则称 N 是一个非对称选择网 (asymmetric choice net)。

显然,标识图与状态机均为自由选择网,而自由选择网又是一种特殊的非对称选择网。这些网(在某个初始标识下)的活性和称为虹吸(siphon)与陷阱(trap)的两种结构密切相关。给定一个库所子集 $S \subseteq P$,如果它的每一个输入变迁都是它的输出变迁(但反之未必成立),即

$$ {}^\bullet S \subseteq S^\bullet$$

则称此库所子集是一个虹吸(siphon);如果它的每一个输出变迁都是它的输入变迁(但反之未必成立),即

$$S^\bullet \subseteq {}^\bullet S$$

则称此库所子集是一个陷阱(trap)。显然,如果一个虹吸在一个标识下无托肯,则在此标识下与此虹吸相关联的任意变迁都不使能,所以在此标识的任意可达标识下也不会有托肯进入此虹吸,从而导致与此虹吸相关联的变迁永远都不使能;如果一个陷阱在一个标识下有托肯,则在此发生任一与此陷阱相关联的变迁都不会移空此陷阱,即在此标识的任意可达标识下此陷阱都有托肯。下面给出利用虹吸与陷阱判定自由选择网与非对称选择网活性的充分必要条件 [84]。

定理 2.1 给定自由选择网 $N = (P,\ T,\ F)$ 及其初始标识 M_0,则 $(N,\ M_0)$ 是活的当且仅当 N 的每一个虹吸都包含一个在 M_0 下被标识的陷阱。

定理 2.2 给定非对称选择网 $N = (P,\ T,\ F)$ 及其初始标识 M_0,则 $(N,\ M_0)$ 是活的当且仅当 N 的每一个虹吸在从 M_0 可达的每一个标识下都被标识。

利用 Petri 网的结构分析系统的动态性质是一个很有意义的工作,这有利于更有效地验证系统或控制系统。然而,到目前为止并没有给出面向一般 Petri 网的基于网结构的性质分析的一般性的结论,哪怕只是用网结构去判定这些基本性质。因此,对一些 Petri 网子类,研究其基于网结构的性质分析与判定是很有意义的。下面将介绍几类与实际应用更相关的 Petri 网子类。

2.2.4 工作流网及其健壮性

工作流网是一类特殊的 Petri 网, 最初由 Aalst 定义 [119,125], 并得到深入广泛的研究与应用。

定义 2.13(工作流网) 如果网 $N = (P, T, F)$ 满足如下条件:

(1) 存在一个源库所 (source place) i, 并且它没有输入变迁, 即 $\bullet i = \varnothing$。

(2) 存在一个汇库所 (source place) o, 并且它没有输出变迁, 即 $o \bullet = \varnothing$。

(3) 对网中的任一节点 x, 都存在一条从 i 到 x 的有向路径, 同时也存在一条从 x 到 o 的有向路径。

则称 N 是一个工作流网 (workflow net)。

实际上, 工作流网并不像前面几种 Petri 网子类那样具有明显的结构特征, 无外乎它专门规定了一个源库所用于表示系统的初始状态 (放一个托肯在其中而其他库所没有托肯)、专门规定了一个汇库所用于标识终止状态 (其他库所没有托肯而在此库所中有一个托肯)。当不特别指出时, 一般用 i 表示一个工作流网的源库所, 用 o 表示它的汇库所。当然, 可以对工作流网单独考虑前面介绍的一些基本性质, 然而, Aalst 为工作流网定义了一个称为健壮性 (soundness) 的性质, 它综合考虑了一些基本性质。

定义 2.14(健壮性) 令 $N = (P, T, F)$ 是一个工作流网, $[\![i]\!]$ 是初始标识, $[\![o]\!]$ 是终止标识。如果下述条件成立:

(1) $\forall M \in R(N, [\![i]\!]): [\![o]\!] \in R(N, M)$。

(2) $\forall M \in R(N, [\![i]\!]): M \geqslant [\![o]\!] \Rightarrow M = [\![o]\!]$。

(3) $\forall t \in T, \exists M \in R(N, [\![i]\!]): M[t\rangle$。

则称 N 是健壮的 (sound)。

健壮性是系统运行时要求终止状态永远是可达的 (前两个条件), 并且每一个事件都有潜在机会发生 (第三个条件)。当然, 第一个条件成立蕴含着第二个条件成立, 因此该定义可以只需要第一个条件与第三个条件 [120]。健壮性与无死锁性以及无活锁性密切相关; 实际上, Aalst 等已经证明: 一个工作流网的健壮性与其平凡拓展① 的有界性与活性等价 [85]。

定理 2.3 一个工作流网是健壮的当且仅当它的平凡拓展在初始标识 $[\![i]\!]$ 下是活的并且有界的。

实际上, 健壮性保证了系统既无死锁也无活锁。

定理 2.4 工作流网 $N = (P, T, F)$ 是健壮的当且仅当 $(N, [\![i]\!], [\![o]\!])$ 既无死

---

① 如果向一个工作流网中加入一个新的变迁并且此变迁的输入是汇库所而输出是源库所, 则此新网称为该工作流网的平凡拓展。

锁也无活锁并且满足:

$$\forall t \in T, \exists M \in R(N, [\![i]\!]) : M[t\rangle$$

证明:（必要性）因为 $N = (P, T, F)$ 是健壮的，所以，由其定义的第三个条件可知:

$$\forall t \in T, \exists M \in R(N, [\![i]\!]) : M[t\rangle$$

如果 $N = (P, T, F, [\![i]\!], [\![o]\!])$ 有一个死锁或者活锁，则依据死锁与活锁的定义可知:

$$\exists M \in R(N, [\![i]\!]), \forall M' \in R(N, M) : M' \neq [\![o]\!]$$

这与健壮性定义中的第一个条件相矛盾。所以，一个健壮的工作流网既无死锁也无活锁。

（充分性）只需证明: 如果工作流网系统 $N = (P, T, F, [\![i]\!], [\![o]\!])$ 既无死锁也无活锁，则有

$$\forall M \in R(N, [\![i]\!]) : [\![o]\!] \in R(N, M)$$

反正法。如果

$$\exists M \in R(N, [\![i]\!]) : [\![o]\!] \notin R(N, M)$$

则 M 不是一个死锁就是一个可导致死锁或者活锁的状态，这与已知条件（既无死锁也无活锁）相矛盾。   **证毕**

并不是所有的系统都要求每个事件都有机会发生，例如，已存在一些 Web 服务，当它们被组合成一个新的服务时，原来的某些功能未必被用到，继而相应的一些事件在新的服务中就不会发生。因此，对于一些组合的系统，有时不必考虑每个事件都有发生权。进而可以定义弱健壮性（weak-soundness）。

定义 2.15(弱健壮性) 令 $N = (P, T, F)$ 是一个工作流网，$[\![i]\!]$ 是初始标识，$[\![o]\!]$ 是终止标识。如果下述条件成立:

(1) $\forall M \in R(N, [\![i]\!]) : [\![o]\!] \in R(N, M)$。

(2) $\forall M \in R(N, [\![i]\!]) : M \geqslant [\![o]\!] \Rightarrow M = [\![o]\!]$。

则称 N 是弱健壮的 (weakly sound)。

基于定理 2.4 与定义 2.15，可知: 弱健壮性等价于系统既无死锁也无活锁。

推论 2.1 工作流网 $N = (P, T, F)$ 是弱健壮的当且仅当 $(N, [\![i]\!], [\![o]\!])$ 既无死锁也无活锁。

注解 2.1 在 Petri 网的定义中，并没有要求库所集与变迁集是有限的。通常，对于一个系统，模拟它的 Petri 网是有限的；然而，当一个 Petri 网无界或者存在循环时，其展开是无限的并且该展开是用一个特殊的网来表示的，也就是说，该展开的库所集与变迁集是无限的。这就是为什么定义 2.2 中并没有约束库所集与变迁

集是有限的原因。当然, 我们所提出的元展就是对展开进行剪切而产生的一个有限情况。除了后面章节定义的展开中的库所与变迁的集合可以是无限的情况外, 其他情况下均是有限的。

2.2.5 跨组织工作流网及其兼容性

跨组织工作流网 [125-130] 通常模拟多个组件的组合, 每个组件用一个工作流网模拟, 如 Web 服务组合与跨组织工作流系统等。组合一般分为同步组合与异步组合, 这里考虑异步组合的情况, 即多个组件之间通过通道 (channel) 传递消息, 从而进行交互协同。

定义 2.16 (跨组织工作流网)   如果网 $N = (N_1, \cdots, N_m, P_C, F_C)$ 满足如下条件:

(1) $N_1 = (P_1, T_1, F_1)$、$\cdots$、$N_m = (P_m, T_m, F_m)$ 是 m $(m \geqslant 1)$ 个互不相交的工作流网, 此处称它们为 N 的基本组件。

(2) P_C 是有限个通道库所 (channel places) 的集合且满足 $\forall j \in \mathbb{N}_m^+$: $P_C \cap P_j = \varnothing$。

(3) $F_C \subseteq (P_C \times \bigcup_{j=1}^m T_j) \cup (\bigcup_{j=1}^m T_j \times P_C)$ 是连接 m 个工作流网与通道库所的弧的集合。

(4) $\forall c \in P_C, \exists j, k \in \mathbb{N}_m^+ : j \neq k \wedge {}^\bullet c \subseteq T_j \wedge c^\bullet \subseteq T_k \wedge {}^\bullet c \neq \varnothing \wedge c^\bullet \neq \varnothing$。

则称 N 是一个跨组织工作流网 (inter-organizational workflow nets)。

通常, 一个跨组织工作流网的初始标识与终止标识分别被记作

$$[\![i_1, i_2, \cdots, i_m]\!]、[\![o_1, o_2, \cdots, o_m]\!]$$

式中, i_j 与 o_j 分别是 N_j 的源库所与汇库所, $j \in \mathbb{N}_m^+$。类似于工作流网的健壮性与弱健壮性, 下面定义跨组织工作流网的兼容性与弱兼容性。

定义 2.17 (兼容性)   令 $N = (N_1, \cdots, N_m, P_C, F_C)$ 是一个跨组织工作流网, $M_0 = [\![i_1, i_2, \cdots, i_m]\!]$ 与 $M_d = [\![o_1, o_2, \cdots, o_m]\!]$ 分别是其初始标识与终止标识。如果下述条件成立:

(1) $\forall M \in R(N, M_0) : M_d \in R(N, M)$。

(2) $\forall M \in R(N, M_0) : M \geqslant M_d \Rightarrow M = M_d$。

(3) $\forall t \in \bigcup_{j=1}^m T_j, \exists M \in R(N, M_0) : M[t\rangle$。

则称 N 是兼容的 (compatible)。

定义 2.18 (弱兼容性)   令 $N = (N_1, \cdots, N_m, P_C, F_C)$ 是一个跨组织工作流网, $M_0 = [\![i_1, i_2, \cdots, i_m]\!]$ 与 $M_d = [\![o_1, o_2, \cdots, o_m]\!]$ 分别是其初始标识与终止标识。如果下述条件成立:

(1) $\forall M \in R(N, M_0) : M_d \in R(N, M)$。

(2) $\forall M \in R(N, M_0) : M \geqslant M_d \Rightarrow M = M_d$。

则称 N 是弱兼容的 (weakly compatible)。

事实上，一个工作流网是一个特殊的跨组织工作流网，即该跨组织工作流网中只有一个组件并且无通道库所；反过来，很容易将一个跨组织工作流网转化为一个工作流网，即增加一个源库所与一个汇库所，增加两个变迁，一个变迁的输入为源库所，输出为所有组件的源库所，另一个变迁的输入为所有组件的汇库所，输出为新增的汇库所。更重要的是，容易证明这个跨组织工作流网是（弱）兼容的当且仅当转化后的工作流网是（弱）健壮的。因此，工作流网与跨组织工作流网等价。

2.2.6 资源分配网及其无死锁性

G-system [142]，本书中有时称作资源分配网（net of resource allocation），是由 Zouari 与 Barkaoui 定义、用于模拟资源分配的一类 Petri 网。实际上，一个资源分配网是由多个组件共享一组资源库所合成的，一个组件实际上是一个健壮的工作流网，而一个资源库所表示一类资源。注：这里的 G 是 General 的首字母，为"一般"的意思。下述定义参考了文献 [143] 中的定义方式。

首先，将工作流网的初始标识与终止标识以及健壮性扩展到更一般的情况。

定义 2.19(G-任务) 如果 Petri 网 $(N, M_0, M_d) = (P, T, F, M_0, M_d)$ 满足如下条件：

(1) (P, T, F) 是一个工作流网。

(2) $M_0 = [\![n \cdot i]\!]$ 是初始标识，$M_d = [\![n \cdot o]\!]$ 是终止标识，这里 $n \in \mathbb{N}^+$。

则称该 Petri 网是一个 G-任务 (G-task)。

定义 2.20(G-任务的健壮性) 如果 G-任务 $(N, M_0, M_d) = (P, T, F, M_0, M_d)$ 满足下述条件：

(1) $\forall M \in R(N, M_0) : M_d \in R(M)$。

(2) $\forall M \in R(N, M_0) : M \geqslant [\![n \cdot o]\!] \Rightarrow M = [\![n \cdot o]\!]$。

(3) $\forall t \in T, \forall M \in R(N, M_0) : M[t\rangle$。

则称该 G-任务是健壮的 (sound)。

相对于工作流网而言，G-任务是配置了多个任务，而每个任务（即使在并行运行的情况下）也都能正常终止。

定义 2.21(带有资源的 G-任务) 如果 Petri 网 $(P_A \cup P_R, T, F_A \cup F_R, M_0, M_d)$ 满足如下条件：

(1) $P_A \cap P_R = \varnothing$，$F_A \subseteq (P_A \times T) \cup (T \times P_A)$，$F_R \subseteq (P_R \times T) \cup (T \times P_R)$。

(2) $(P_A, T, F_A, M_0 \upharpoonright P_A, M_d \upharpoonright P_A)$ 是一个健壮的 G-任务。

(3) 对任意一个资源库所 (resource place) $p \in P_R$，都存在一个极小 P-不变量

I_p 满足:

$$\|I_p\| \cap P_R = \{p\}$$

(4) $\forall p \in P_R : M_0(p) \geqslant \max\{\rho(t, I_p)|t \in T\} \geqslant 1$。

则称该 Petri 网是一个带有资源的 G-任务 (G-task with resource)。

带有资源的 G-任务不仅描述了系统运行的逻辑结构（由 G-任务模拟），而且描述了每一步使用资源的情况。定义中的第 3 点反映了每个资源都保持守恒性，即资源并不被消耗，当每个任务都终止时，资源又回到了初始情况。第 4 点是要求每一个资源库所中初始的托肯数不应小于该资源库所输出弧的数目。

定义 2.22 (资源分配网)　可递归定义资源分配网 (net of resource allocation) 如下所示。

(1) 一个带有资源的 G-任务是一个资源分配网。

(2) 令 $(P_{A_1} \cup P_{R_1}, T_1, F_{A_1} \cup F_{R_1}, M_{0_1}, M_{d_1})$ 与 $(P_{A_2} \cup P_{R_2}, T_2, F_{A_2} \cup F_{R_2}, M_{0_2}, M_{d_1})$ 是两个资源分配网且满足:

$$P_{A_1} \cap P_{A_2} = T_1 \cap T_2 = \varnothing \wedge P_{R_1} \cap P_{R_2} \neq \varnothing$$

则 $(P_A \cup P_R, T, F_A \cup F_R, M_0, M_d)$ 也是一个资源分配网，其中

① $P_A = P_{A_1} \cup P_{A_2}$。

② $P_R = P_{R_1} \cup P_{R_2}$。

③ $T = T_1 \cup T_2$。

④ $F_A = F_{A_1} \cup F_{A_2}$。

⑤ $F_R = F_{R_1} \cup F_{R_2}$，并且

⑥ $\forall p \in P_{A_1} \cup P_{R_1} \cup P_{A_2} \cup P_{R_2}$:

$$M_0(p) = \max\{M_{0_1}(p), M_{0_2}(p)\} \wedge M_d(p) = \max\{M_{d_1}(p), M_{d_2}(p)\}$$

当两个资源分配网合成时，公共资源库所中的托肯数取合成前最大的，而其他库所中的托肯数保持不变。

2.3　计算树逻辑

计算树逻辑 (computation tree logic, CTL)[31, 138] 是一种重要的描述系统性质的形式化语言，是在经典的命题逻辑的基础上增加时态算子 (temporal operator)

$$\mathbf{X}(\text{ne}\mathbf{X}t)、\mathbf{F}(\mathbf{F}uture)、\mathbf{U}(\mathbf{U}ntil)$$

以及路径量词 (path quantifier)

$$\mathbf{E}(\mathbf{E}xist)、\mathbf{A}(\mathbf{A}ll)$$

是一种能够描述离散的分支时间的时态逻辑。令 AP 是有限个原子命题的集合。一个 CTL 公式可递归定义如下：

(1) 命题常元 true 与 false 以及原子命题 $p \in$ AP 是一个 CTL 公式[①]。

(2) 如果 ψ 与 φ 是两个 CTL 公式，则

$$\neg\psi、\psi \wedge \varphi、\psi \vee \varphi、\mathbf{EX}\psi、\mathbf{AX}\psi、\mathbf{EF}\psi、\mathbf{AF}\psi、\mathbf{E}[\psi\mathbf{U}\varphi]、\mathbf{A}[\psi\mathbf{U}\varphi]$$

也是 CTL 公式。

令 $\mathcal{M} = (Q, \rightarrow, l, \mathrm{AP})$ 是一个标号变迁系统（labeled transition system），其中 Q 是状态集，$\rightarrow \subseteq Q \times Q$ 是迁移关系，$l : Q \rightarrow 2^{\mathrm{AP}}$ 是标号函数。为了便于理解，一个标号变迁系统可以理解为一个（有界）Petri 网的可达图。下面定义 CTL 公式在 $\mathcal{M}$ 的状态 q 处是可满足的（satisfiable）。

(1) $(\mathcal{M}, q) \vDash p$ 当且仅当 $p \in l(q)$。

(2) $(\mathcal{M}, q) \nvDash p$ 当且仅当 $p \notin l(q)$。

(3) $(\mathcal{M}, q) \vDash \neg\psi$ 当且仅当 $(\mathcal{M}, q) \nvDash \psi$。

(4) $(\mathcal{M}, q) \vDash \psi \vee \varphi$ 当且仅当 $(\mathcal{M}, q) \vDash \psi$ 或者 $(\mathcal{M}, q) \vDash \varphi$。

(5) $(\mathcal{M}, q) \vDash \psi \wedge \varphi$ 当且仅当 $(\mathcal{M}, q) \vDash \psi$ 并且 $(\mathcal{M}, q) \vDash \varphi$。

(6) $(\mathcal{M}, q) \vDash \mathbf{EX}\psi$ 当且仅当 $\exists(q \rightarrow q_1) : (\mathcal{M}, q_1) \vDash \psi$，即存在 q 的一个直接后继状态，使得 ψ 在该状态处是可满足的。

(7) $(\mathcal{M}, q) \vDash \mathbf{AX}\psi$ 当且仅当 $\forall(q \rightarrow q_1) : (\mathcal{M}, q_1) \vDash \psi$，即对于 q 的每一个直接后继状态来说，ψ 在该状态处都是可满足的。

(8) $(\mathcal{M}, q) \vDash \mathbf{EF}\psi$ 当且仅当 $\exists(q = q_1 \rightarrow q_2 \rightarrow \cdots), \exists i : (\mathcal{M}, q_i) \vDash \psi$，即存在从 q 可达的一个状态（允许是 q 本身），使得 ψ 在该状态处是可满足的。

(9) $(\mathcal{M}, q) \vDash \mathbf{AF}\psi$ 当且仅当 $\forall(q = q_1 \rightarrow q_2 \rightarrow \cdots), \exists i : (\mathcal{M}, q_i) \vDash \psi$，即对于从 q 开始的每一条状态路径来说，在该路径上都存在一个可达状态（允许是 q 本身）使得 ψ 在该状态处是可满足的。

(10) $(\mathcal{M}, q) \vDash \mathbf{E}[\psi\mathbf{U}\varphi]$ 当且仅当 $\exists(q = q_1 \rightarrow q_2 \rightarrow \cdots), \exists j : (\mathcal{M}, q_j) \vDash \varphi$ 并且 $\forall k < j : (\mathcal{M}, q_k) \vDash \psi$，即存在从 q 开始的一条状态路径，在该路径上存在状态 q_j 使得 φ 是可满足的并且在 q_j 前面的这些状态处 ψ 一直是可满足的。

(11) $(\mathcal{M}, q) \vDash \mathbf{A}[\psi\mathbf{U}\varphi]$ 当且仅当 $\forall(q = q_1 \rightarrow q_2 \rightarrow \cdots), \exists j : (\mathcal{M}, q_j) \vDash \varphi$ 并且 $\forall k < j : (\mathcal{M}, q_k) \vDash \psi$，即对任一条从 q 开始的状态路径，在该路径上都存在状态 q_j 使得 φ 是可满足的并且在 q_j 前面的这些状态处 ψ 一直是可满足的。

例 2.4 令 (P, T, F) 是一个工作流网，其中记库所集与变迁集分别如下：

$$P = \{i, o, p_1, p_2, \cdots, p_n\}、T = \{t_1, t_2, \cdots, t_m\}$$

---

① 在 Petri 网中通常用 p 表示一个库所，而在基于 Petri 网验证 CTL 时，一个 CTL 公式的原子命题恰好使用库所（是否被标识）来表示，因此，此处原子命题用 p 来表示是可行的。

则利用 CTL 公式可以表示弱健壮性:

$$\mathbf{AF}(o \wedge \neg i \wedge \neg p_1 \wedge \cdots \wedge \neg p_n)$$

表示健壮性稍微复杂一些, 这是因为健壮性要求每个变迁都有使能的机会。不妨设变迁 $t_j\ (j \in \mathbb{N}_m^+)$ 的前集为

$$\{p_1^{t_j}, p_2^{t_j}, \cdots, p_{|\bullet t_j|}^{t_j}\} \subset P$$

显然, 如果 t_j 有使能的机会, 则存在一个可达标识使得它的前集中的每个库所都有托肯。所以, 健壮性可用 CTL 公式表示如下:

$$\mathbf{AF}(o \wedge \neg i \wedge \neg p_1 \wedge \cdots \wedge \neg p_n) \wedge \mathbf{EF}(p_1^{t_1} \wedge \cdots \wedge p_{|\bullet t_1|}^{t_1}) \wedge \cdots \wedge \mathbf{EF}(p_1^{t_m} \wedge \cdots \wedge p_{|\bullet t_m|}^{t_m})$$

第3章 并发系统若干判定问题的复杂度

本章从理论上展示并发系统若干问题判定的复杂度。实际上,关于并发系统的诸多问题,如死锁、活锁、活性、可达性的判定问题,都是可判定的,但其复杂度都很高[146-149]。然而,对工作流网的健壮性判定问题,包括一般工作流网与一些子类的健壮性判定问题,以及跨组织工作流网的兼容性判定问题,缺少相关研究。同时,针对资源分配网的死锁判定问题,包括一般的资源分配网以及一些子类的,相关研究也不多。

3.1 一些经典的 PSPACE 完全与 NP 完全问题

首先,介绍几个经典的 PSPACE 完全问题与 NP 完全问题,将利用它们来揭示工作流网健壮性判定问题、跨组织工作流网兼容性判定问题以及资源分配网死锁判定问题的复杂度。更详细的介绍可参考文献 [150]。

3.1.1 线性有界自动机接受问题

一个线性有界自动机 (linear bounded automaton) 是一个图灵机 (Turing machine),只不过它把每一次的计算都限定在一个有限的空间内。

定义 3.1(线性有界自动机) 8 元组 $LBA = (Q, \Gamma, \Sigma, \Delta, q_0, q_f, \#, \$)$ 是一个线性有界自动机,其中:

(1) $Q = \{q_0, q_1, \cdots, q_m, q_f\}$ $(m \geqslant 0)$ 是一组控制状态,q_0 称为初始状态 (initial state),q_f 是接受状态 (accept state) 或终止状态 (final state)。

(2) $\Gamma = \{a_1, a_2, \cdots, a_n\}$ $(n > 0)$ 是字母表 (alphabet)。

(3) $\Sigma \subseteq \Gamma$ 是输入字母表 (input alphabet)。

(4) $\Delta \subseteq Q \times (\Gamma \cup \{\#, \$\}) \times \{R, L\} \times Q \times (\Gamma \cup \{\#, \$\})$ 是一组迁移 (transitions)[①],R 与 L 分别代表对纸带 (tape) 的单元格 (cell) 进行读写操作的读写头向右或向左移动一格。

(5) $\# \notin \Gamma$ 与 $\$ \notin \Gamma$ 是两个界符号 (bound symbols),它们紧邻输入串 (input string) 并且分别在输入串的最左端与最右端。

---

① 为了与 Petri 网的变迁相区别,这里的 transition 翻译为迁移,但它们的含义是相同的,都表示状态间的转换关系。

如果自动机有一个迁移 $\delta = (p, a, R, q, b) \in \Delta$、控制状态为 p 并且读写头扫描到的单元格里存储的字母是 a，则迁移 δ 是可执行的，并且执行 δ 将使得字母 b 被写进该单元格（原来的 a 被覆盖掉），然后读写头右移一个格，并且控制状态变为 q。对其他类型的迁移，可类似理解。但请注意，不存在这样的迁移：读到的是字母表中的某个字母但将其改写为了左界符或右界符；也不存在这样的迁移：读到左界符或右界符时，将其写为其他界符或字母。当读到左界符时，该最左侧的单元格只能被左界符重写，然后读写头右移；当读到右界符时，该最右侧的单元格只能被右界符重写，然后读写头左移。因为线性有界自动机进入接受状态后计算就停机了，所以假设不存在从接受状态开始的迁移。同时假设，对任一线性有界自动机，都存在迁移序列能够形成一条从初始状态 q_0 到接受状态 q_f 的路径，否则该线性有界自动机永远不会进入接受状态。

给定一个线性有界自动机以及它的一个输入串 S，它的初始格局（initial configuration）被定义为自动机处于初始状态 q_0，带上的信息为 $\#S\$$，并且读写头停留在最左端的界符号 $\#$ 上。

给定一个线性有界自动机以及一个输入串后，依据它的迁移规则，该自动机就可以从一个格局转化为另一个格局，直到该线性有界自动机要么进入包含终止状态的格局，要么进入一个不再使任何迁移可执行的格局；如果能够进入终止状态，则称该线性有界自动机接受（accept）该输入串。

一个线性有界自动机是确定的（deterministic）当且仅当对于它的任意两个不同的迁移 $\delta_1 = (q_1, a_1, D_1, q_2, a_2)$ 与 $\delta_2 = (q_3, a_3, D_2, q_4, a_4)$ 来说，总有 $q_1 \neq q_3 \vee a_1 \neq a_3$。

线性有界自动机接受问题（LBA acceptance problem）：给定一个线性有界自动机以及一个输入串，该线性有界自动机接受该输入串吗？

求解上述问题是 PSPACE 完全的，即使针对确定的线性有界自动机来说也是如此 [150]。

3.1.2 布尔可满足性问题与 Tautology 问题

令 x_1、x_2、$\cdots$、x_n 是 n 个布尔变量（Boolean variables）。一个变量 x 或其否定形式 $\neg x$ 称为一个字（literal）。一个析取范式（disjunctive normal form）是 m 个不同的项（term）的析取，其中，每一个项都是若干个不同字的合取式，并且规定每一项中不同时包含字 x 与 $\neg x$。另外还规定：对任一变量 x 来说，x 与 $\neg x$ 都出现在范式中，否则该变量对范式真值的判定复杂度不起作用。一个合取范式（conjunctive normal form）是 m 个不同的项的合取，其中，每一个项都是若干个不同字的析取式，并且规定每一项中不同时包含字 x 与 $\neg x$。

可满足性问题（satisfiability problem）：给定一个合取范式 H，是否存在一种对变量的赋值使得 H 为真？

可满足性问题简称为 SAT 问题，它的求解是 NP 完全的[150,151]。它的另一种表述形式是给定一个析取范式 H，是否存在一种对变量的赋值使得 H 为假？这两种表述形式等价是因为一个合取范式的否定形式为一个析取范式，一个析取范式的否定形式为合取范式。事实上，即使将每个项中的字限定在有且只有 3 个的情况下，这个问题也是 NP 完全的（该问题通常称为 3SAT）。

还有一种与可满足性问题密切相关的，被称为 Tautology 问题[150,151]：给定一个析取范式 H，是否对所有赋值情况都使得 H 为真？或者，给定一个合取范式 H，是否对所有赋值情况都使得 H 为假？

Tautology 问题的求解是 co-NP 完全的，即使将每个项中的字限定在有且只有 3 个的情况下[150,151]。

3.1.3   划分问题

令 $[\![a_1, a_2, \cdots, a_n]\!]$ 是一个由正整数构成的多集，令

$$a_0 = \frac{1}{2} \sum_{j=1}^{n} a_j$$

划分问题（partition problem）：是否存在多集 $[\![a_1, a_2, \cdots, a_n]\!]$ 的一个划分 S_1 与 S_2 使得 S_1 中的元素之和等于 S_2 中的元素之和？

该问题是 NP 完全的[150]。这里，不放设

$$\sum_{j=1}^{n} a_j$$

是偶数并且满足：

$$\forall j \in \mathbb{N}_n^+ : a_j < a_0$$

否则，这样的划分是显然不存在的。

3.2   工作流网健壮性判定问题的复杂度

本章首先证明：对工作流网来说，健壮性判定问题是 PSPACE 难的；然后证明：对有界工作流网，健壮性判定问题是 PSPACE 完全的。

3.2.1   健壮性判定问题是 PSPACE 难的

首先给出一个构造方法，对任一确定的线性有界自动机以及给定的一个输入串，将构造一个模拟其行为的工作流网，这个构造是多项式时间可完成的；然后证明，该确定的线性有界自动机接受该输入串当前仅当该工作流网是健壮的。

令

$$\Omega = (Q, \Gamma, \Sigma, \Delta, q_0, q_f, \#, \$)$$

是一个确定的线性有界自动机，S 是它的一个输入串，记：

$$\Gamma = \{a_1, a_2, a_3, \cdots, a_n\}, n > 0$$

$$Q = \{q_0, q_1, \cdots, q_m, q_f\}, m \geqslant 0$$

假设 S 的长度为 l（$l \geqslant 0$），并且 S 的第 j 个元素记为 S_j（$1 \leqslant j \leqslant l$）。为便于叙述，将存储

$$\#S\$$$

的纸带的单元格分别编号为

$$0、1、\cdots、l、l+1$$

即标号为 0 的单元格中存储的是左界符 $\#$，标号为 j 的单元格中存储的是字母 S_j（$1 \leqslant j \leqslant l$），标号为 $l+1$ 的单元格中存储的是右界符 $\$$。下面给出构造过程。

首先，构造工作流网的库所集如下：

$P = \{i, o, o_1, o_2\}$
    $\cup \{p_j | j \in \mathbb{N}_l\}$
    $\cup \{B_{j,k} | j \in \mathbb{N}_{l+1}, k \in \mathbb{N}_m\}$
    $\cup \{A_{0,\#}, A_{l+1,\$}, A_{j,k} | j \in \mathbb{N}_l^+, k \in \mathbb{N}_n^+\}$

如果库所 $A_{0,\#}$ 中有一个托肯，则表示标号为 0 的单元格中存储的是左界符 $\#$，而库所 $A_{l+1,\$}$ 中有一个托肯，则表示标号为 $l+1$ 的单元格中存储的是右界符 $\$$。由于在线性有界自动机运行过程中边界符不会被其他符号/字母所替换，所以库所 $A_{0,\#}$ 与 $A_{l+1,\$}$ 中都将一直会有一个托肯。如果库所 $A_{j,k}$ 中有一个托肯，则意味着标号为 j 的单元格中存储的是字母 a_k。库所 $B_{j,k}$ 中有一个托肯，意味着读写头停在标号为 j 的单元格上并且自动机的控制状态为 q_k。

由于在线性有界自动机执行过程中，任何时刻它只处于其中一个控制状态并且读写头只扫描其中一个单元格，所以，在使用 Petri 网模拟线性有界自动机执行的过程中，库所集

$$\{B_{j,k} | j \in \mathbb{N}_{l+1}, k \in \mathbb{N}_m\}$$

中只有一个库所被标识且只有一个托肯，并且当这个托肯进入 p_0 后，则意味着线性有界自动机正常停机，即进入接受状态 q_f（接受输入串）。

类似地，在模拟过程中，对于一个给定的 $j \in \mathbb{N}_l^+$，库所

$$A_{j,1}、A_{j,2}、\cdots、A_{j,n}$$

中只有一个库所有托肯且只有一个托肯，并且，如果库所 $A_{j,k}$ 中有一个托肯，则意味着标号为 j 的单元格中当前存储的是字母 a_k。

i 与 o 显然是用于表示所构造工作流网的源库所与汇库所。稍后将介绍构造库所 o_1、o_2、p_1、$\cdots$、p_l 的目的。下面介绍变迁与弧的构造。

首先，使用变迁 t_s 来产生线性有界自动机的初始格局：

$$^\bullet t_s = \{i\},\ t_s^\bullet = \{B_{0,0}, A_{0,\#}, A_{l+1,\$}\} \cup \{A_{j,k}|S_j = a_k, j \in \mathbb{N}_l^+, k \in \mathbb{N}_n^+\}$$

由于工作流网的初始标识只有源库所 i 中有一个托肯，所以变迁 t_s 发生后，下列库所

$$\{B_{0,0}, A_{0,\#}, A_{l+1,\$}\} \cup \{A_{j,k}|S_j = a_k, j \in \mathbb{N}_l^+, k \in \mathbb{N}_n^+\}$$

均被放入了一个托肯。$B_{0,0}$ 中的这个托肯意味着当前控制状态为 q_0 并且读写头停在标号为 0 的单元格上；库所 $A_{0,\#}$ 与 $A_{l+1,\$}$ 中的托肯分别意味着标号为 0 的单元格内存储的是左界符 $\#$ 而标号为 $l+1$ 的单元格内存储的是右界符 $\$$；而库所

$$\{A_{j,k}|S_j = a_k, j \in \mathbb{N}_l^+, k \in \mathbb{N}_n^+\}$$

中的托肯恰好对应输入串 S，即如果 S_j 为 a_k，则库所 $A_{j,k}$ 中就被放入一个托肯。显然，这些恰好对应线性有界自动机的初始格局。

接下来，针对线性有界自动机的每一个迁移 $\delta \in \Delta$，构造相应的网变迁（注：未必是一个，可能是一组）。首先考虑含有接受状态 q_f 的迁移，考虑下面三种情况。

情况 1：$\delta = (q_x, \#, R, q_f, \#)$（其中，$x \in \mathbb{N}_m$），即线性有界自动机当前控制状态为 q_x，读写头停在存储左界符的最左侧单元格上，执行该迁移后，控制状态变为 q_f（正常结束）并且读写头右移一格。对此 δ，构造一个网变迁 t 并且它的前集与后集分别为

$$^\bullet t = \{A_{0,\#}, B_{0,x}\},\ t^\bullet = \{A_{0,\#}, p_0\}$$

注解 3.1　依据这一迁移规则，执行该迁移后读写头将右移一格，由于执行该迁移后线性有界自动机正常停机，所以在模拟该迁移的网变迁中并没有模拟右移（由于模拟终止状态的库所 p_0 并不反映读写头的位置），这并不影响系统行为。下面的情况 2 也是如此。

情况 2：$\delta = (q_x, \$, L, q_f, \$)$（其中，$x \in \mathbb{N}_m$），即线性有界自动机当前控制状态为 q_x，读写头停在存储右界符的最右侧单元格上，执行该迁移后，控制状态变为 q_f（正常停机）并且读写头左移一格。对此 δ，构造一个网变迁 t 并且它的前集与后集分别为

$$^\bullet t = \{A_{l+1,\$}, B_{l+1,x}\},\ t^\bullet = \{A_{l+1,\$}, p_0\}$$

情况 3: $\delta = (q_x, a_j, L/R, q_f, a_k)$（其中, $x \in \mathbb{N}_m$, $j \in \mathbb{N}_n^+$, $k \in \mathbb{N}_n^+$），即线性有界自动机当前控制状态为 q_x，而读写头停在某个存储非界符的单元格上，执行该迁移后，控制状态变为 q_f（正常结束），当前单元格内的字母 a_j 被 a_k 所覆盖，并且读写头左移或右移一格（这依据是 L 还是 R）。这时要考虑停在每一个单元格上的情况并为其构造一个相应的变迁。具体说，针对每一个 $r \in \mathbb{N}_l^+$（即考虑编号为 r 的单元格），将构造一个网变迁 t_r 模拟 δ，并且它的前集与后集分别为

$$^\bullet t_r = \{A_{r,j}, B_{r,x}\}, \quad t_r^\bullet = \{A_{r,k}, p_0\}$$

注解 3.2 同上面两种情况类似，无论执行该迁移后读写头左移还是右移，由于运行将正常停机，所以在网变迁中并没模拟读写头的移动。

接下来，考虑不含接受状态 q_f 的迁移，分下列四种情况。

情况 1: $\delta = (q_x, \#, R, q_y, \#)$（其中, $x \in \mathbb{N}_m$, $y \in \mathbb{N}_m$），即读写头读到最左侧的界符 $\#$, $\#$ 被重写然后读写头右移，控制状态由 q_x 变为 q_y。对此 δ 将构造一个网变迁 t，它的前集与后集分别为

$$^\bullet t = \{A_{0,\#}, B_{0,x}\}, \quad t^\bullet = \{A_{0,\#}, B_{1,y}\}$$

情况 2: $\delta = (q_x, \$, L, q_y, \$)$（其中, $x \in \mathbb{N}_m$, $y \in \mathbb{N}_m$）。与情况 1 类似，只不过读到最右侧的界符 $\$$ 然后左移。对此迁移 δ，所构造的网变迁 t 的前集与后集分别为

$$^\bullet t = \{A_{l+1,\$}, B_{l+1,x}\}, \quad t^\bullet = \{A_{l+1,\$}, B_{l,y}\}$$

情况 3: $\delta = (q_x, a_j, R, q_y, a_k)$（其中, $x \in \mathbb{N}_m$, $y \in \mathbb{N}_m$, $j \in \mathbb{N}_n^+$, $k \in \mathbb{N}_n^+$），即读写头读到的字母 a_j 被 a_k 覆盖，状态由 q_x 变为 q_y，读写头右移。在这种情况下，不知道读写头读写的是哪个单元格。所以，要考虑存储非界符的每一个单元格的情况，构造 l 个相应的网变迁，即对每一个 $r \in \mathbb{N}_l^+$，都构造一个对应 δ 的网变迁 t_r，它的前集与后集分别为

$$^\bullet t_r = \{A_{r,j}, B_{r,x}\}, \quad t_r^\bullet = \{A_{r,k}, B_{r+1,y}\}$$

情况 4: $\delta = (q_x, a_j, L, q_y, a_k)$（其中, $x \in \mathbb{N}_m$, $y \in \mathbb{N}_m$, $j \in \mathbb{N}_n^+$, $k \in \mathbb{N}_n^+$）。与情况 3 类似，只不过是读写头要左移。对每一个 $r \in \mathbb{N}_l^+$，都构造一个对应 δ 的网变迁 t_r，它的前集与后集分别为

$$^\bullet t_r = \{A_{r,j}, B_{r,x}\}, \quad t_r^\bullet = \{A_{r,k}, B_{r-1,y}\}$$

通过上面的构造很容易看出：在所构造的 Petri 网的运行过程中，库所集

$$\{p_0\} \cup \{A_{0,\#}, A_{l+1,\$}, A_{j,k} | j \in \mathbb{N}_l^+, k \in \mathbb{N}_n^+\} \cup \{B_{j,k} | j \in \mathbb{N}_{l+1}, k \in \mathbb{N}_m\}$$

之上的一个可达标识就对应了线性有界自动机在输入串下的一个配置，并且反之亦然。也就是说，线性有界自动机接受输入串当且仅当 p_0 中产生了托肯。请注意，库所集

$$\{A_{0,\#}, A_{l+1,\$}, A_{j,k} | j \in \mathbb{N}_n^+, k \in \mathbb{N}_n^+\}$$

中托肯的分布恰好对应了纸带上的串，而库所集

$$\{p_0, B_{j,k} | j \in \mathbb{N}_{l+1}, k \in \mathbb{N}_m\}$$

中的那个托肯恰好对应了线性有界自动机的控制状态以及读写头读写的位置。当 p_0 中有托肯时，

$$\{B_{j,k} | j \in \mathbb{N}_{l+1}, k \in \mathbb{N}_m\}$$

中的每一个库所就不再有托肯。还请注意，在所构造的 Petri 网的任一可达标识下，最多有一个变迁是使能的，这是因为库所集

$$\{B_{j,k} | j \in \mathbb{N}_{l+1}, k \in \mathbb{N}_m\}$$

中只有一个托肯，并且每一个变迁（t_s 除外）都以其中的一个库所作为输入库所（但不同时将该输入库所作为输出库所），并且这也使得当 p_0 中进入托肯后，不再有变迁是使能的。

上述构造借鉴了文献 [146] 中的方法。为了让所构造的网是一个工作流网并且保证"线性有界自动机接受输入串当且仅当所构造的工作流网是健壮的"，则需要继续进行一些辅助的构造。

正如前面所述，当库所 p_0 中进入托肯后（这意味着线性有界自动机接受输入串），

$$\{B_{j,k} | j \in \mathbb{N}_{l+1}, k \in \mathbb{N}_m\}$$

中的每个库所都没有了托肯，但 $A_{0,\#}$ 与 $A_{l+1,\$}$ 中均有一个托肯，而对每个 $j \in \mathbb{N}_l^+$ 来说，

$$\{A_{j,1}, A_{j,2}, \cdots, A_{j,n}\}$$

中有且只有一个库所有托肯，且只有一个托肯。为了将这个托肯移走（以保证所构造的工作流网是健壮的），还需添加一些库所、变迁以及弧。由于不知道这个托肯到底在

$$\{A_{j,1}, A_{j,2}, \cdots, A_{j,n}\}$$

中哪一个的里面，所以，要为它们每一个都构造一个变迁来移走这个托肯。为此，添加网变迁

$$d_{j,1}、d_{j,2}、\cdots、d_{j,n}$$

以及库所

$$p_j$$

目的是将库所集

$$\{A_{j,1}, A_{j,2}, \cdots, A_{j,n}\}$$

中的那个托肯移到指定的库所 p_j 里。因此，$\forall j \in \mathbb{N}_l^+$，$\forall k \in \mathbb{N}_n^+$，相应弧的构造如下：

$$^\bullet d_{j,k} = \{A_{j,k}, p_{j-1}\}, \quad d_{j,k}^\bullet = \{p_j\}$$

上述构造使得托肯是这样流动的：最先将 p_0 中的托肯以及库所集

$$\{A_{1,1}, A_{1,2}, \cdots, A_{1,n}\}$$

中的那个唯一托肯移走，放一个托肯进入 p_1；再将 p_1 中的托肯以及库所集

$$\{A_{2,1}, A_{2,2}, \cdots, A_{2,n}\}$$

中的那个唯一托肯移走，放一个托肯进入 p_2；如此下去，最终放一个托肯进入 p_l。这样，就清空了表示纸带上信息的这些托肯。请注意：对第 j 次的流动，变迁集

$$\{d_{j,k} | k \in \mathbb{N}_n^+\}$$

中只有一个是使能的，因为它们的输入库所集

$$\{A_{j,k} | k \in \mathbb{N}_n^+\}$$

中只有一个托肯；换句话说，即使线性有界自动机接受输入串，到目前为止所构造的网还不能保证每个变迁都有使能的可能（以至于不是健壮的），稍后将介绍如何让每个变迁都有使能的机会。

当一个托肯进入 p_l 后，就只有 $A_{0,\#}$、$A_{l+1,\$}$、$p_l$ 中各有一个托肯。因此，添加网变迁 t_d 将这三个托肯移走，放一个托肯进入库所 o_1，即

$$^\bullet t_d = \{A_{0,\#}, A_{l+1,\$}, p_l\}, \quad t_d^\bullet = \{o_1\}$$

从上面的构造易知：线性有界自动机接受输入串当且仅当 o_1 被标识。但此时还有两方面的工作需要做，一是目前的网不能保证是工作流网，即可能对某些变迁，未必存在经过该变迁的从 i 到 o_1 的有向路径；二是某些变迁未必有使能的机会（即使线性有界自动机接受输入串）。因此，要继续添加一些变迁与库所以避免上述两种现象，同时，还不影响上述模拟线性有界自动机的行为。处理的思路是这样的，为用于模拟迁移以及用于消除纸带信息的每一个变迁，都增加一对变迁，一

个用于使能相应的这个变迁，一个是将这个变迁发生后产生的托肯再消除掉。下面进行形式化的描述，为便于描述，用于模拟迁移的那些变迁的集合记为 T_Δ，用于模拟消除纸带信息的那些变迁的集合记为 T_D。则 $\forall x \in T_\Delta \cup T_D$，构造两个网变迁 x' 与 x''，它们的前集与后集分别为

$$^\bullet x' = \{o_1\},\ x'^\bullet = {}^\bullet x \cup \{o_2\},\ {}^\bullet x'' = x^\bullet \cup \{o_2\},\ x''^\bullet = \{o_1\}$$

先考察为 T_Δ 中的变迁 x 所增加的变迁对。只有库所 o_1 被标识后，x' 才使能；x' 发生后，只有 x 是使能的（因为线性有界自动机是确定的）；x 发生后，只有 x'' 是使能的，这是因为：x' 发生后，纸带上只有对应 x 的这个单元格上有信息，而 x 发生后可使能的迁移都需要这个单元格的左边或右边单元格上有信息，但这两个单元格上都没有信息。o_1 与 o_2 使得这些变迁对交替发生。

同样，为 T_D 中的变迁 x 所增加的变迁对 x' 与 x''，它们也是交替发生。这里需要注意的一点是：对于一个固定的 $j \in \mathbb{N}_l^+$，总有

$$^\bullet d''_{i,1} = {}^\bullet d''_{i,2} = \cdots = {}^\bullet d''_{i,n} = \{o_2, p_i\} \wedge d''^\bullet_{i,1} = d''^\bullet_{i,2} = \cdots = d''^\bullet_{i,n} = \{o_1\}$$

换句话说，$d''_{i,1}$、$d''_{i,2}$、$\cdots$、$d''_{i,n}$ 只需使用一个即可，但为了叙述的简洁性（x' 与 x'' 成对出现），这里保持不变。

最后，使用变迁 t_e 来结束整个模拟：

$$^\bullet t_e = \{o_1\} \wedge t_e^\bullet = \{o\}$$

到此为止，整个构造结束。但是，现在的网中可能存在一些孤立的库所，而删除这些孤立库所并不影响对线性有界自动机的模拟，因此，所构造的网是不考虑这些孤立库所的网。下面先给出一个例子展示上面的构造。

$\Omega_0 = (Q, \Gamma, \Sigma, \Delta, q_0, q_f, \#, \$)$ 是一个线性有界自动机，其中：

$Q = \{q_0, q_1, q_2, q_3, q_f\}$，$\Gamma = \{a, b, X\}$，$\Sigma = \{a, b\}$

$\Delta = \{\delta_0 = (q_0, \#, R, q_1, \#),\quad \delta_1 = (q_1, \$, L, q_f, \$),\quad \delta_2 = (q_1, a, R, q_2, X),$

$\qquad \delta_3 = (q_1, X, R, q_1, X),\quad \delta_4 = (q_2, a, R, q_2, a),\quad \delta_5 = (q_2, b, L, q_3, X),$

$\qquad \delta_6 = (q_2, X, R, q_2, X),\quad \delta_7 = (q_3, a, L, q_3, a),\quad \delta_8 = (q_3, X, L, q_3, X),$

$\qquad \delta_9 = (q_3, \#, R, q_1, \#)\}$

因为 Ω_0 接受的语言是

$$\{a^{j_1} b^{j_1} a^{j_2} b^{j_2} \cdots a^{j_m} b^{j_m} | j_1, j_2, \cdots, j_m, m \in \mathbb{N}\}$$

所以，Ω_0 接受输入串 $\#ab\$$，并且图 3.1 展示了依据前面构造方法所构造的对应此输入的工作流网。在此网中，为了简洁化，用双箭头的弧表示自环，而对应 $T_\Delta \cup T_D$

中迁移的那些变迁对没有画出而是列在表 3.1 中, 迁移与变迁的对应关系见表 3.2,
这里:

$$T_\Delta = \{t_0, t_1, t_{2,1}, t_{2,2}, t_{3,1}, t_{3,2}, t_{4,1}, t_{4,2}, t_{5,1}, t_{5,2}, t_{6,1}, t_{6,2}, t_{7,1}, t_{7,2}, t_{8,1}, t_{8,2}, t_9\},$$

$$T_D = \{d_{1,1}, d_{1,2}, d_{1,3}, d_{2,1}, d_{2,2}, d_{2,3}\}_\circ$$

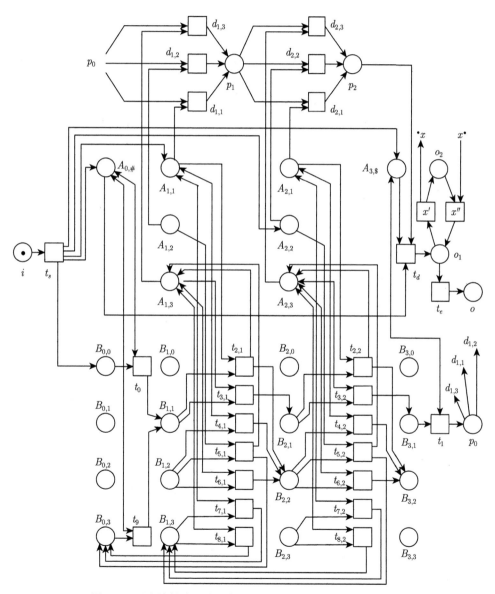

图 3.1 对应线性有界自动机 Ω_0 与输入串 $\#ab\$$ 的工作流网

表 3.1   图 3.1 中没有画出的变迁及其前后集

x	$x'\bullet$	$\bullet x''$	x	$x'\bullet$	$\bullet x''$
t_0	$o_2, A_{0,\#}, B_{0,0}$	$o_2, A_{0,\#}, B_{1,1}$	$t_{7,1}$	$o_2, A_{1,1}, B_{1,3}$	$o_2, A_{1,1}, B_{0,3}$
t_1	$o_2, A_{3,\$}, B_{3,1}$	$o_2, A_{3,\$}, p_0$	$t_{7,2}$	$o_2, A_{2,1}, B_{2,3}$	$o_2, A_{2,1}, B_{1,3}$
$t_{2,1}$	$o_2, A_{1,1}, B_{1,1}$	$o_2, A_{1,3}, B_{2,2}$	$t_{8,1}$	$o_2, A_{1,3}, B_{1,3}$	$o_2, A_{1,3}, B_{0,3}$
$t_{2,2}$	$o_2, A_{2,1}, B_{2,1}$	$o_2, A_{2,3}, B_{3,2}$	$t_{8,2}$	$o_2, A_{2,3}, B_{2,3}$	$o_2, A_{2,3}, B_{1,3}$
$t_{3,1}$	$o_2, A_{1,3}, B_{1,1}$	$o_2, A_{1,3}, B_{2,1}$	t_9	$o_2, A_{0,\#}, B_{0,3}$	$o_2, A_{0,\#}, B_{1,1}$
$t_{3,2}$	$o_2, A_{2,3}, B_{2,1}$	$o_2, A_{2,3}, B_{3,1}$	$d_{1,1}$	$o_2, A_{1,1}, p_0$	o_2, p_1
$t_{4,1}$	$o_2, A_{1,1}, B_{1,2}$	$o_2, A_{1,1}, B_{2,2}$	$d_{1,2}$	$o_2, A_{1,2}, p_0$	o_2, p_1
$t_{4,2}$	$o_2, A_{2,1}, B_{2,2}$	$o_2, A_{2,1}, B_{3,2}$	$d_{1,3}$	$o_2, A_{1,3}, p_0$	o_2, p_1
$t_{5,1}$	$o_2, A_{1,2}, B_{1,2}$	$o_2, A_{1,3}, B_{0,3}$	$d_{2,1}$	$o_2, A_{2,1}, p_1$	o_2, p_2
$t_{5,2}$	$o_2, A_{2,2}, B_{2,2}$	$o_2, A_{2,3}, B_{1,3}$	$d_{2,2}$	$o_2, A_{2,2}, p_1$	o_2, p_2
$t_{6,1}$	$o_2, A_{1,3}, B_{1,2}$	$o_2, A_{1,3}, B_{2,2}$	$d_{2,3}$	$o_2, A_{2,3}, p_1$	o_2, p_2
$t_{6,2}$	$o_2, A_{2,3}, B_{2,2}$	$o_2, A_{2,3}, B_{3,2}$		$\bullet x' = x''\bullet = \{o_1\}$	

表 3.2   线性有界自动机的迁移与工作流网中对应的变迁

δ_0	δ_1	δ_2	δ_3	δ_4	δ_5	δ_6	δ_7	δ_8	δ_9
t_0	t_1	$t_{2,1}$	$t_{3,1}$	$t_{4,1}$	$t_{5,1}$	$t_{6,1}$	$t_{7,1}$	$t_{8,1}$	t_9
		$t_{2,2}$	$t_{3,2}$	$t_{4,2}$	$t_{5,2}$	$t_{6,2}$	$t_{7,2}$	$t_{8,2}$	

库所 $A_{-,-}$ 的第 2 个下标中, 1 对应字母 a, 2 对应字母 b, 3 对应字母 X。库所 $B_{-,-}$ 的第 2 个下标中, 0 对应控制状态 q_0, 1 对应控制状态 q_1, 2 对应控制状态 q_2, 3 对应控制状态 q_3。库所 p_0 对应接受状态 q_f。

发生 t_s 将产生标识

$$[\![A_{0,\#}, A_{1,1}, A_{2,2}, A_{3,\$}, B_{0,0}]\!]$$

这恰好对应输入串 $\#ab\$$, 同时意味着读写头停在标号为 0 的单元格上、控制状态是 q_0。在此标识下, 只有变迁 t_0 是使能的, 这与在初始格局下只有迁移

$$\delta_0 = (q_0, \#, R, q_1, \#)$$

是可发生的相一致。

发生 t_0 将产生标识

$$[\![A_{0,\#}, A_{1,1}, A_{2,2}, A_{3,\$}, B_{1,1}]\!]$$

该标识代表纸带上的信息为 $\#ab\$$、读写头停在标号为 1 的单元格上、控制状态是 q_1, 这与发生迁移 δ_0 所产生的格局相一致。在此标识下, 只有变迁 $t_{2,1}$ 是使能的, 而在此格局下, 也只有迁移

$$\delta_2 = (q_1, a, R, q_2, X)$$

是可发生的；因此，它们相一致。

发生 $t_{2,1}$ 将产生标识

$$[\![A_{0,\#}, A_{1,3}, A_{2,2}, A_{3,\$}, B_{2,2}]\!]$$

该标识代表纸带上的信息为 $\#Xb\$$、读写头停在标号为 2 的单元格上、控制状态是 q_2；这与在上一格局下发生迁移 δ_2 所产生的格局相一致。

如此下去，可以发现：t_s 发生后，只有变迁序列

$$t_0 t_{2,1} t_{5,2} t_{8,1} t_9 t_{3,1} t_{3,2} t_1$$

是可以发生的，并且发生之后产生标识

$$[\![p_0, A_{0,\#}, A_{1,3}, A_{2,3}, A_{3,\$}]\!]$$

该标识意味着线性有界自动机进入接受状态，而纸带上的信息为 $\#XX\$$。通过观察线性有界自动机 Ω_0 对于输入串 $\#ab\$$ 的运行，可以知道：也只有迁移序列

$$\delta_0 \delta_2 \delta_5 \delta_8 \delta_9 \delta_3 \delta_3 \delta_1$$

是可发生的，并使得线性有界自动机进入接受状态，且停机时纸带上的信息为 $\#XX\$$。因此，它们的运行相一致。

当托肯进入库所 p_0 时，即标识

$$[\![p_0, A_{0,\#}, A_{1,3}, A_{2,3}, A_{3,\$}]\!]$$

被产生时，只有变迁 $d_{1,3}$ 是使能的；发生 $d_{1,3}$ 后，即清空标号为 1 的单元格上的字母 X 后，只有变迁 $d_{2,3}$ 是使能的；发生 $d_{2,3}$ 后，即清空了标号为 2 的单元格上的字母 X 后，只有变迁 t_d 是使能的，用来清除左右界符并产生标识 $[\![o_1]\!]$；在该标识下，$x'xx''$ 可以被重复发生，并且重复发生一次后又返回该标识，这里：$x \in T_\Delta \cup T_D$；在标识 $[\![o_1]\!]$ 下，发生变迁 t_e 则产生标识 $[\![o]\!]$。

引理 3.1 对带有输入串的线性有界自动机所构造的网都是工作流网。

证明：不考虑上述构造中那些孤立的库所。首先，存在从源库所 i 到汇库所 o 的两个有向路径：

$$i \to t_s \to A_{0,\#} \to t_d \to o_1 \to t_e \to o$$
$$i \to t_s \to A_{l+1,\$} \to t_d \to o_1 \to t_e \to o$$

再者，任取 $T_\Delta \cup T_D$ 中的一个变迁及其输入/输出库所，都存在相应的变迁对与库所 o_2，形成了从 o_1 到 o_2 再到 o_1 的有向回路。所以，对所构造的网的任一节点来说，都存在从 i 到 o 的有向路径。所以，所构造的网是工作流网。 **证毕**

引理 3.2　令 Ω 是一个线性有界自动机，$N = (P, T, F)$ 是针对 Ω 的输入串 S 所构造的工作流网。则 Ω 接受 S 当且仅当 N 是健壮的。

证明：（必要性）当 Ω 接受 S 时，依据构造可知库所 p_0 被标识，而当 p_0 被标识时，$[\![o_1]\!]$ 总是可达的，进而 $[\![o]\!]$ 是可达的。而当 $[\![o_1]\!]$ 可达时，每个变迁（除 t_s 外）都有使能的机会。所以，N 是健壮的。

（充分性）如果 N 是健壮的，则 $[\![o]\!]$ 是可达的，进而知 $[\![o_1]\!]$ 是可达的，进而知 p_0 是可被标识的。基于构造可知 Ω 接受 S。　　　　　　　　　　**证毕**

容易计算，共构造了 $(n+1)l + (m+1)(l+2) + 7$ 个库所、$3(|T_\Delta| + |T_D| + 1)$ 个变迁以及 $12|T_\Delta| + 10|T_D| + l + 10$ 条弧，其中：$|T_\Delta| \leqslant (l+2)|\Delta|$ 并且 $|T_D| = ln$。所以，可以在多项式内完成构造。因此，基于上述结论可得：

定理 3.1　工作流网健壮性判定问题是 PSPACE 难的。

3.2.2　有界工作流网健壮性问题是 PSPACE 完全的

接下来首先展示：3.2.1 节所构造的工作流网是安全的（1- 有界的）。这就意味着对于有界工作流网来说，健壮性问题也是 PSPACE 难的。继而，可以给出一个线性空间的算法判定有界工作流网的健壮性。这就意味着对有界工作流网来说，健壮性问题是 PSPACE 完全的。

引理 3.3　令 $N = (P, T, F)$ 是 3.2.1 节所构造的工作流网，则 $(N, [\![i]\!])$ 是安全的。

证明：考虑 3 个阶段，第一个是托肯进入 p_0 之前，第二个是托肯进入 p_0 后到进入 o_1 之前，第三个是托肯进入 o_1 后。

由于与 Δ 中的每个迁移所对应的变迁恰好有 2 个输入库所与 2 个输出库所，所以它们的发生既不增加托肯数也不减少托肯数。所以在第一阶段 $(N, [\![i]\!])$ 是安全的。

在第二阶段，当一个托肯进入 p_0 后，可以知道托肯的分布如下：

(1) $\forall j \in \mathbb{N}_{l+1}$，$\forall k \in \mathbb{N}_m$，库所 $B_{j,k}$ 中都没有托肯。

(2) $\forall j \in \mathbb{N}_l^+$，库所 $A_{j,1}$、$A_{j,2}$、$\cdots$、$A_{j,n}$ 中有且只有一个托肯。

(3) $A_{0,\#}$ 与 $A_{l+1,\$}$ 中各有一个托肯。

变迁 $d_{j,1}$、$d_{j,2}$、$\cdots$、$d_{j,n}$ 是用于将库所 $A_{j,1}$、$A_{j,2}$、$\cdots$、$A_{j,n}$ 中的托肯清空，t_d 是用于将 $A_{0,\#}$ 与 $A_{l+1,\$}$ 中的托肯清空。所以，在这一阶段 $(N, [\![i]\!])$ 也是安全的。

正如构造中所述，在第三阶段，变迁序列 $x'xx''$ 可以重复发生，这里 $x \in T_\Delta \cup T_D$，而它们的发生均保证网是安全的。　　　　　　　　　　**证毕**

因此，对于安全的工作流网来说，健壮性判定问题也是 PSPACE 难的；因此，对于 k- 有界的也是如此。

定理 3.2　安全工作流网的健壮性判定问题是 PSPACE 难的。

推论 3.1 k-有界工作流网的健壮性判定问题是 PSPACE 难的。

下面证明完全性。

定理 3.3 k-有界工作流网的健壮性判定问题是 PSPACE 完全的。

证明：这里只需给出一个线性空间复杂度的算法来判定 k-有界工作流网的健壮性即可。参考文献 [146] 与 [152] 给出了判定一个 k-有界的 Petri 网可达性的线性空间复杂度的算法，即它们的算法只使用一个线性空间就可以判定一个标识是否从另一个标识可达。为了便于叙述，我们将它们的算法记为 Algorithm $R(N, M_1, M_2)$：判定在网 N 中标识 M_2 是否从标识 M_1 可达。下面给出一个判定 k-有界工作流网的健壮性的算法，该算法所用空间与工作流网库所的个数呈线性关系。

为了检测在一个 k-有界的工作流网的运行中终止标识 $[\![o]\!]$ 是否总是可达的，我们设置一个 $|P|$-维向量 w 来表示所有可能的标识，它的每一个维度都对应 P 中的一个库所，而相应的值代表相应库所中的托肯数。由于工作流网是 k-有界的，所以，w 中每一维的取值范围均为 $\mathbb{N}_k^0$。事实上，w 可以看作一个计数器，每一次赋值可以看作一个 $(k+1)$-进制的数。例如，对于一个有 4 个库所的 5-有界的工作流网，$w = (2, 0, 0, 5)$ 对应的值为 $(2005)_6 = (437)_{10}$。因此，w 的取值为 $0 \sim (k+1)^{|P|} - 1$，对此范围中的每一个值（所对应的标识）进行测试。

如果算法 3.1 输出 true，则说明终止标识总是可达的，在这种情况下将继续判定是否每个变迁都有使能机会；如果算法 3.1 输出 false，则说明存在可达标识不能到达终止标识，说明该工作流网不是健壮的。测试每个变迁是否都有使能机会的算法与算法 3.1 类似：首先测试每个 w 是否从初始标识可达，如果可达，则可以找出在该标识下使能的所有变迁，这样，就可以找到所有可以使能的变迁的集合，显然该判定也是线性空间复杂度的。总之，可以给出线性空间复杂度的算法判定有界工作流网的健壮性。所以结论成立。 **证毕**

算法 3.1 判定有界工作流网终止标识是否总是可达的

输入：工作流网 N。

输出：true 或者 false。

begin

$w := 0$; // 计数器赋初值为 0，下面对每一个数进行测试

while $w \neq (k+1)^{|P|}$ **do** // 还没有测完

  if Algorithm$R(N, [\![i]\!], w) = $ true **then** // 如果当前状态从初始可达则继续测

    if Algorithm$R(N, w, [\![o]\!]) = $ true **then**

      $w := w + 1$;

    else // 从初始状态可达但到终止状态不可达

      return(false);

```
        endif
    else
        w := w + 1;
    endif
endwhile
return(true);
end
```

3.3   一些特殊结构的工作流网健壮性问题的复杂度

本节针对一些特殊结构的工作流网，界定了它们健壮性判定问题的复杂度。首先证明：对于无环的工作流网，健壮性判定问题是 co-PN 完全的；然后证明对于非对称选择网，健壮性判定问题是 co-NP 难的；最后证明对于自由选择网，健壮性等价于弱健壮性。

3.3.1   无环工作流网健壮性问题是 co-NP 完全的

下面给出构造算法，对任一析取范式

$$H = \bigvee_{k=1}^{m} D_k = (l_{1,1} \wedge l_{1,2} \wedge l_{1,3}) \vee (l_{2,1} \wedge l_{2,2} \wedge l_{2,3}) \vee \cdots \vee (l_{m,1} \wedge l_{m,2} \wedge l_{m,3})$$

构造一个工作流网用于判定它的真假，其中：每一个合取项恰好有 3 个字而且每个字都来自 n 个变元 x_1、x_2、$\cdots$、x_n 与其否定。为便于描述，记 $\mathbb{D}_k$ 为第 k 个合取项 D_k 中 3 个变元的下标的集合，其中 $k \in \mathbb{N}_m^+$。例如，如果 $D_1 = \neg x_1 \wedge x_3 \wedge x_6$，则 $\mathbb{D}_1 = \{1,3,6\}$。工作流网的构造如下：

$$P = \{i,\ o,\ p_0\} \cup \{p_k,\ p_k',\ v_k,\ v_k',\ c_k,\ c_k' | k \in \mathbb{N}_n^+\}$$

$$T = \{t_0,\ t_0'\} \cup \{d_j,\ d_j' | j \in \mathbb{N}_m^+\} \cup \{t_k,\ t_k',\ e_k,\ e_k' | k \in \mathbb{N}_n^+\}$$

$$F = \{(i,\ t_0), (t_0',\ p_0)\}$$

$$\cup \{(p_0,\ d_j),\ (d_j',\ o) | j \in \mathbb{N}_m^+\}$$

$$\cup \{(t_0,\ p_k),\ (p_k',\ t_0') | k \in \mathbb{N}_n^+\}$$

$$\cup \{(d_j,\ v_k),\ (v_k',\ d_j') | k \in \mathbb{N}_n^+ \setminus \mathbb{D}_j,\ j \in \mathbb{N}_m^+\}$$

$$\cup \{(p_k,\ t_k),\ (p_k,\ t_k'),\ (t_k,\ p_k'),\ (t_k',\ p_k') | k \in \mathbb{N}_n^+\}$$

$$\cup \{(t_k,\ c_k),\ (t_k',\ c_k'),\ (c_k,\ e_k),\ (c_k',\ e_k') | k \in \mathbb{N}_n^+\}$$

$$\cup \{(v_k,\ e_k),\ (v_k,\ e_k'),\ (e_k,\ v_k'),\ (e_k',\ v_k') | k \in \mathbb{N}_n^+\}$$

$$\cup \{(c_k,\ d_j) | l_{j,1} = x_k \vee l_{j,2} = x_k \vee l_{j,3} = x_k,\ k \in \mathbb{N}_n^+,\ j \in \mathbb{N}_m^+\}$$

$$\cup \{(c'_k, d_j)|l_{j,1} = \neg x_k \vee l_{j,2} = \neg x_k \vee l_{j,3} = \neg x_k, k \in \mathbb{N}_n^+, j \in \mathbb{N}_m^+\}$$

通过下面的例子，容易理解上述构造。利用上述构造，图 3.2 所示的工作流网恰好对应如下析取范式：

$$H_0 = (\neg x_3 \wedge x_4 \wedge x_5) \vee (x_1 \wedge \neg x_2 \wedge x_3) \vee (\neg x_1 \wedge x_2 \wedge x_4) \vee (\neg x_3 \wedge \neg x_4 \wedge \neg x_5)$$

直观上讲，所构造的工作流网包括两部分：一部分用于产生变量的所有赋值情况如图 3.2 的左边所示；另一部分是用于判定该赋值是否使得析取范式是可满足的，如图 3.2 的右边所示。在第一部分中，t_k 的发生为变量 x_k 赋真（即向 c_k 输入一个托肯），t'_k 的发生为变量 x_k 赋假（即为 $\neg x_k$ 赋真，向 c'_k 输入一个托肯），而 t_k 与 t'_k 有且只有一个被选择发生，这里 $k \in \mathbb{N}_n^+$。当为每一个变量赋值之后，变迁 t'_0 可以发生，从而触发第二部分去判定当前赋值是否是可满足的。第二部分中变迁 d_k 对应合取项 D_k，这里 $k \in \mathbb{N}_m^+$。例如，在 H_0 中，$D_1 = \neg x_3 \wedge x_4 \wedge x_5$，所以 c'_3、c_4、c_5 均为 d_1 的输入库所，即只有 c'_3、c_4、c_5 被标识后，d_1 才可以发生，意味着 D_1 为真。

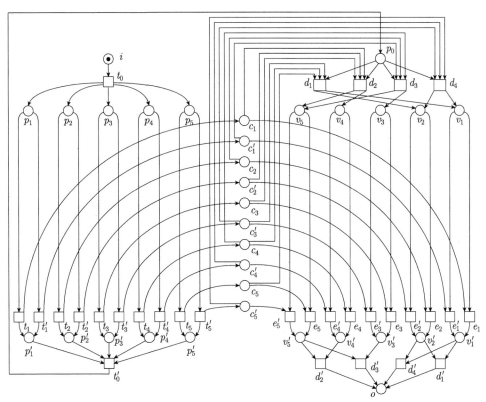

图 3.2 对应析取范式 H_0 的工作流网，其中 c_k 与 c'_k 分别对应 x_k 与 $\neg x_k$，$k \in \mathbb{N}_5^+$

显然，给定一个赋值：如果使得析取范式的值为假，则

$$d_1 、 d_2 、 \cdots 、 d_m$$

中没有一个是可以发生的（在此情况下，所构造的工作流网不是健壮的）；如果使得析取范式的值为真，则

$$d_1 、 d_2 、 \cdots 、 d_m$$

中必有一个或多个可以发生，并且发生其中的一个后其他的变迁不再使能（这是因为作为它们共同的输入库所的 p_0 只有一个托肯）。因此，如果

$$d_1 、 d_2 、 \cdots 、 d_m$$

中的某个变迁能够发生，则发生后还需要将

$$c_1 、 c_1' 、 c_2 、 c_2' 、 \cdots 、 c_n 、 c_n'$$

中剩余的托肯移走，这就是变迁

$$e_1 、 e_1' 、 e_2 、 e_2' 、 \cdots 、 e_n 、 e_n'$$

的工作。因为 d_k（$k \in \mathbb{N}_m^+$）的发生是将下标来自于 $\mathbb{D}_k$ 的库所 c_- 与 c_-' 中的托肯移走，所以，发生 d_k 将向下标来自于 $\mathbb{N}_n^+ \setminus \mathbb{D}_k$ 的库所 v_- 中输送一个托肯，这些托肯触发变迁 e_-、e_-'（下标来自于 $\mathbb{N}_n^+ \setminus \mathbb{D}_k$）从而将库所 c_- 与 c_-'（下标来自于 $\mathbb{N}_n^+ \setminus \mathbb{D}_k$）中的托肯移走。例如，$d_1$ 的输入为 c_3'、c_4 与 c_5，所以 d_1 的输出为 v_1 与 v_2，v_1 中的托肯使得 e_1 将 c_1 中的托肯移走或使得 e_1' 将 c_1' 中的托肯移走，而 v_2 中的托肯使得 e_2 将 c_2 中的托肯移走或使得 e_2' 将 c_2' 中的托肯移走。最后，再使用变迁 d_1、d_2、$\cdots$、d_m 将托肯汇入库所 o 中。

通过上述构造与解释，很容易知道：所构造的工作流网是健壮的当且仅当析取范式对每种赋值都为真。

引理 3.4   一个析取范式对每种赋值都为真，当且仅当所构造的工作流网是健壮的。

在上述构造中，共产生 $6n+3$ 个库所、$4n+2m+2$ 个变迁以及 $2mn+14n-m+2$ 条弧，这里 n 为析取范式中变量的个数、m 为合取项的个数。因此，可以在多项式时间内完成构造。并且，所构造的工作流网没有环。因此，Tautology 问题可以在多项式时间内规约为无环工作流网的健壮性问题，从而有如下结论：

推论 3.2   无环工作流网的健壮性判定问题是 co-NP 难的。

若要证明无环工作流网的健壮性问题是 co-NP 完全的，只需给出一个非确定性的算法在多项式时间内判定无环工作流网的健壮性即可。首先，容易知道无环

的工作流网是有界的，而每个库所中最大的托肯数不会超过从源库所到该库所的有向路径的数目。因此，假设一个工作流网是 k-有界的，则正如上面所说的，它的可达标识在 $1\sim(k+1)^{|P|} - 1$。因此，可以猜测此间的标识 M，并且可以在多项式时间内检测该标识是否是从初始标识 $[\![i]\!]$ 可达的，如果可达则可在多项式时间内检测它是否能够到达终止标识 $[\![o]\!]$，如果能够到达终止标识，则可以在多项式时间内统计在 M 处可以发生的变迁。注：上述在多项式时间内检测可达性是根据文献 [64]、[153] 给出的结论，即对无环的网来说，从一个标识到另一标识是可达的当且仅当相应的状态方程有非负整数解；并且由于工作流网中不存在 T-不变量，所以状态方程有解时只有有限个解且解的个数不超过关联矩阵的秩（即小于等于 $\min\{|T|, |P|\}$）。无环工作流网的健壮性问题落在 NP 中。因此，有如下结论：

定理 3.4 无环工作流网的健壮性判定问题是 co-NP 完全的。

3.3.2 安全非对称选择工作流网健壮性问题是 co-NP 难的

类似于 3.3.1 节，对任一合取范式

$$H = \bigwedge_{j=1}^{m} D_k = (l_{1,1} \vee l_{1,2} \vee l_{1,3}) \wedge (l_{2,1} \vee l_{2,2} \vee l_{2,3}) \wedge \cdots \wedge (l_{m,1} \vee l_{m,2} \vee l_{m,3})$$

构造一个工作流网用于判定它的真假，其中：每一个析取项恰好有 3 个字而且每个字都来自 n 个变元 x_1、x_2、$\cdots$、x_n 与其否定。构造如下：

$$P = \{i, o\} \cup \{i_j, i'_j | j \in \mathbb{N}_n^+\} \cup \{o_j, o'_j | j \in \mathbb{N}_m^+\} \cup \{g_j | j \in \mathbb{N}_m^+\}$$
$$\cup \{p_{j,k} | j \in \mathbb{N}_n, k \in \mathbb{N}_2^+\} \cup \{c_{j,k} | j \in \mathbb{N}_m^+, k \in \mathbb{N}_3^+\} \cup \{v_j | j \in \mathbb{N}_8^+\}$$

$$T = \{t_i | i \in \mathbb{N}_8^+\} \cup \{e_j | j \in \mathbb{N}_m^+\}$$
$$\cup \{t_{j,k}, t'_{j,k} | j \in \mathbb{N}_n^+, k \in \mathbb{N}_2^+\} \cup \{d_{j,k} | j \in \mathbb{N}_m^+, k \in \mathbb{N}_3^+\}$$

$$F = \{(i, t_1), (t_1, v_1), (t_1, v_2)\} \cup \{(t_1, i_j), (t_1, o_k) | j \in \mathbb{N}_n^+, k \in \mathbb{N}_m^+\}$$
$$\cup \{(t_2, v_3), (v_1, t_2), (v_2, t_2)\} \cup \{(t_3, v_4), (i'_j, t_3) | j \in \mathbb{N}_n^+\}$$
$$\cup \{(t_4, v_2), (t_4, v_5), (v_3, t_4), (v_4, t_4)\} \cup \{(t_5, v_6), (t_5, o_j), (g_j, t_5) | j \in \mathbb{N}_m^+\}$$
$$\cup \{(t_6, v_2), (t_6, v_7), (v_5, t_6), (v_6, t_6)\} \cup \{(t_7, v_2), (t_7, v_8), (v_6, t_7), (v_7, t_7)\}$$
$$\cup \{(t_8, o'_1), (v_6, t_8), (v_8, t_8)\}$$
$$\cup \{(t_{j,k}, p_{j,k}), (i_j, t_{j,k}) | j \in \mathbb{N}_n^+, k \in \mathbb{N}_2^+\}$$
$$\cup \{(t'_{j,k}, i'_j), (t'_{j,k}, v_3), (v_3, t'_{j,k}), (p_{j,k}, t'_{j,k}) | j \in \mathbb{N}_n^+, k \in \mathbb{N}_2^+\}$$
$$\cup \{(t_{j,1}, c_{y,z}), (t'_{j,2}, c_{y,z}) | j \in \mathbb{N}_n^+, y \in \mathbb{N}_m^+, z \in \mathbb{N}_3^+, l_{y,z} = x_i\}$$
$$\cup \{(t_{j,2}, c_{y,z}), (t'_{j,1}, c_{y,z}) | j \in \mathbb{N}_n^+, y \in \mathbb{N}_m^+, z \in \mathbb{N}_3^+, l_{y,z} = \neg x_i\}$$

$$\cup \{(d_{j,k}, g_j), (o_j, d_{j,k}), (c_{j,k}, d_{j,k}) | j \in \mathbb{N}_m^+, k \in \mathbb{N}_3^+\}$$

$$\cup \{(e_j, o'_{j+1}), (o_j, e_j), (o'_j, e_j) | j \in \mathbb{N}_m^+, o'_{m+1} = o\}$$

可通过图 3.3 中所示的工作流网来理解上述构造, 此工作流网是安全的, 同时是非对称选择的, 对应合取范式

$$H_1 = (x_1 \vee x_2 \vee \neg x_3) \wedge (x_1 \vee \neg x_2 \vee x_3) \wedge (\neg x_1 \vee \neg x_2 \vee x_3)$$

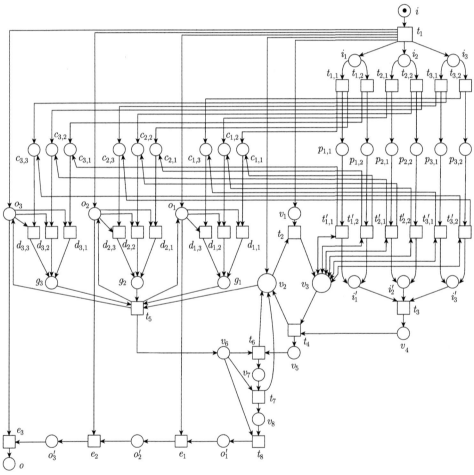

图 3.3　对应合取范式 H_1 的安全的非对称选择的工作流网, 其中自环用两端均为箭头的弧表示

类似于 3.3.1 节, 该构造也主要包括两部分, 一部分是模拟变量赋值, 另一部分是模拟在赋值情况下判定合取范式的可满足性。

首先，为每一个析取项都构造 3 个库所：库所

$$c_{j,1}、\ c_{j,2}、\ c_{j,3}$$

分别对应字

$$l_{j,1}、l_{j,2}、l_{j,3}$$

这里 $j \in \mathbb{N}_m^+$。使用变迁 $t_{j,1}$ 为合取范式中的字 x_j 赋值为真，使用变迁 $t_{j,2}$ 为合取范式中的字 $\neg x_j$ 赋值为真，$t_{j,1}$ 与 $t_{j,2}$ 执行时是二选一的关系，这里 $j \in \mathbb{N}_n^+$。例如，在图 3.3 中，变迁 $t_{1,1}$ 为 x_1 赋值为真，而 x_1 在第一个与第二个析取项中出现，所以，$t_{1,1}$ 的输出库所包含 $c_{1,1}$ 与 $c_{2,1}$。在图 3.3 中，

$$c_{1,1}、c_{1,2}、c_{1,3}、c_{2,1}、c_{2,2}、c_{2,3}、c_{3,1}、c_{3,2}、c_{3,3}$$

分别对应合取范式中的字：

$$x_1 \ 、\ x_2、\neg x_3 \ 、\ x_1、\neg x_2、\ x_3、\neg x_1、\neg x_2、\ x_3$$

在第二部分判定合取范式的可满足性时，是去判定每个析取项是否都为真。为此，利用变迁

$$d_{j,1}、d_{j,2}、d_{j,3}$$

判定析取项

$$l_{j,1} \vee l_{j,2} \vee l_{j,3}$$

的值，这里 $j \in \mathbb{N}_m^+$；基于析取运算可知：只要变迁

$$d_{j,1}、d_{j,2}、d_{j,3}$$

中有一个可发生，就说明对应的析取项的值为真；所以，变迁

$$d_{j,1}、d_{j,2}、d_{j,3}$$

竞争使用一个公共的输入库所 o_j，从而保证它们可以发生时，只有一个被发生（发生一个后其他两个均不再使能），并且发生后输入一个托肯到库所 g_j；因此，当库所

$$g_1、g_2、\cdots、g_m$$

都有托肯时（即变迁 t_5 能够发生），就说明合取范式在该赋值下为真。

另外，使用变迁

$$t_{1,1}、t_{1,2}、t_{2,1}、t_{2,2}、\cdots、t_{n,1}、t_{n,2}$$

对变量进行赋值后, 使用一组 "互补的" 变迁

$$t'_{1,1}、t'_{1,2}、t'_{2,1}、t'_{2,2}、\cdots、t'_{n,1}、t'_{n,2}$$

完成对 "互补的" 变量的赋值。例如, 在图 3.3 中, 变迁 $t_{1,1}$ 为 x_1 赋值为真, 即 $t_{1,1}$ 向库所 $c_{1,1}$ 与 $c_{2,1}$ 中分别送入一个托肯, 而 $t'_{1,1}$ 为 $\neg x_1$ 赋值为真, 即向库所 $c_{3,1}$ 中送入一个托肯。换句话说, 这两组变迁为库所

$$c_{1,1}、c_{1,2}、c_{1,3}、c_{2,1}、c_{2,2}、c_{2,3}、c_{3,1}、c_{3,2}、c_{3,3}$$

分别送入一个托肯。但从所构造的网的控制来看 (见库所 v_1、v_2、v_3), 当变迁

$$t_{1,1}、t_{1,2}、t_{2,1}、t_{2,2}、\cdots、t_{n,1}、t_{n,2}$$

为变量进行一个赋值并且该赋值使得合取范式的值为真时, 如果变迁 t_5 的发生先于变迁

$$t'_{1,1}、t'_{1,2}、t'_{2,1}、t'_{2,2}、\cdots、t'_{n,1}、t'_{n,2}$$

的发生, 则致使变迁

$$t'_{1,1}、t'_{1,2}、t'_{2,1}、t'_{2,2}、\cdots、t'_{n,1}、t'_{n,2}$$

不再有发生机会, 这是因为发生 t_5 消耗了库所 v_2 中的托肯, 从而使得 v_3 不会被标识, 而库所 v_3 与变迁

$$t'_{1,1}、t'_{1,2}、t'_{2,1}、t'_{2,2}、\cdots、t'_{n,1}、t'_{n,2}$$

都有自环相连。但是, 当变迁

$$t_{1,1}、t_{1,2}、t_{2,1}、t_{2,2}、\cdots、t_{n,1}、t_{n,2}$$

为变量进行一个赋值并且该赋值使得合取范式的值为假时, 在 t_2 发生之前, t_5 是永远不会发生的, 这是因为该赋值不会使得库所

$$g_1、g_2、\cdots、g_m$$

都被标识。所以, 在这种情况下, t_2 可以发生, 发生 t_2 后, 使得

$$t'_{1,1}、t'_{1,2}、t'_{2,1}、t'_{2,2}、\cdots、t'_{n,1}、t'_{n,2}$$

中相应的变迁可以发生, 并且发生后使得库所

$$c_{1,1}、c_{1,2}、c_{1,3}、c_{2,1}、c_{2,2}、c_{2,3}、c_{3,1}、c_{3,2}、c_{3,3}$$

都有了一个托肯，从而使得变迁

$$d_{j,1}、d_{j,2}、d_{j,3}$$

都有了发生的机会 $(\forall j \in \mathbb{N}_m^+)$；继而使得 t_5 可以发生；再通过 t_6、t_7 的控制，从而使得库所

$$c_{1,1}、c_{1,2}、c_{1,3}、c_{2,1}、c_{2,2}、c_{2,3}、c_{3,1}、c_{3,2}、c_{3,3}$$

中的托肯均被移走，最后利用变迁

$$e_1、e_2、\cdots、e_m$$

依次将库所

$$o_1、o_2、\cdots、o_m$$

中的托肯移走，最终送一个托肯进入 o。

　　总的来讲：当一个赋值使得合取范式的值为真时，就存在可达标识，从该标识不能到达终止标识；当一个赋值使得合取范式的值为假时，终止标识总是可达的。因此，有如下结论：

　　引理 3.5　一个合取范式对每种赋值都为假，当且仅当所构造的工作流网是健壮的。

　　在上述构造中，共产生 $4n + 6m + 10$ 个库所、$4n + 4m + 8$ 个变迁以及 $14n + 21m + 23$ 条弧，这里 n 为合取范式中变量的个数、m 为析取项的个数。因此，可以在多项式时间内完成构造。并且，所构造的工作流网是非对称选择结构的。也很显然，所构造的工作流网是安全的。因此，Tautology 问题可以在多项式时间内规约为安全非对称选择工作流网的健壮性问题，从而有如下结论：

　　定理 3.5　安全非对称选择的工作流网的健壮性判定问题是 co-NP 难的。

　　到目前为止，还不清楚安全的非对称选择的工作流网的健壮性判定问题是否为 co-NP 完全的，然而，Tiplea 等 [154] 证明：对于 3-有界的无环的非对称选择工作流网来说，其弱健壮性判定问题是 co-NP 完全的。下面证明：对无环的非对称选择网来说，其弱健壮性等价于健壮性。这意味着：对于 3-有界的无环的非对称选择工作流网来说，其健壮性判定问题也是 co-NP 完全的。

3.3.3　无环非对称选择工作流网健壮性等价于弱健壮性

　　定理 3.6　无环非对称选择工作流网是健壮的当且仅当它是弱健壮的。

　　证明：（必要性）依据健壮性与弱健壮性的定义知必要性成立。

　　（充分性）反证法。假设无环非对称选择工作流网 $N = (P, T, F)$ 是弱健壮但不是健壮的，则

$$\exists t \in T, \forall M \in R(N, [\![i]\!]) : \neg M[t\rangle$$

不失一般性，令此死变迁的前集为

$$^{\bullet}t = \{p_1, p_2, \cdots, p_k\}, \quad k \geqslant 1$$

依据文献 [84] 中的引理 10.2 可知：对于非对称选择网 N 来说，集合

$$p_1^{\bullet}、p_2^{\bullet}、\cdots、p_k^{\bullet}$$

之间存在一个包含关系；不失一般性，令

$$p_1^{\bullet} \subseteq p_2^{\bullet} \subseteq \cdots \subseteq p_k^{\bullet}$$

在上述假设成立的情况下，可以证明库所 p_1 永远不会被标识，即

$$\forall M \in R(N, [\![i]\!]) : M(p_1) = 0$$

反证法。假设

$$\exists M' \in R(N, [\![i]\!]) : M'(p_1) > 0$$

因为该工作流网是弱健壮的，即 o 被标识时其他库所均无托肯，所以一定存在 p_1 的一个输出变迁在 M' 的某个可达标识下是使能的，以便移走 p_1 中的托肯；不妨设这个变迁为 $t_1 \in p_1^{\bullet}$，显然 $t_1 \neq t$（因为前面假设 t 是永不使能的，而 t_1 是可以使能的）。由于 N 是非对称选择网，并且

$$p_1^{\bullet} \subseteq p_2^{\bullet} \subseteq \cdots \subseteq p_k^{\bullet}$$

所以，有如下结论：

$$\{p_1, p_2, \cdots, p_k\} \subseteq {}^{\bullet}t_1$$

又由于 $^{\bullet}t = \{p_1, p_2, \cdots, p_k\}$，所以，当 t_1 使能时，t 也是使能的；这与 t 永不使能的假设前提相矛盾。所以有如下结论：

$$\forall M \in R(N, [\![i]\!]) : M(p_1) = 0$$

库所 p_1 永远不会被标识，则说明它的任何输入变迁都永远不使能。如此这样，则对于这些输入变迁来说，它们又都存在一个输入库所永远不会被标识。由于 N 是无环的，所以最终就会找到一个变迁 t' 使得

$$\forall M \in R(N, [\![i]\!]) : \neg M[t'\rangle \wedge i \in {}^{\bullet}t' \wedge t' \neq t$$

注：$i \in {}^{\bullet}t'$ 是说最终找到的这个变迁是源库所的输出变迁，$t' \neq t$ 是源于 N 中无环路。类似于对 t 的分析，对 t' 来说，也存在一个输入库所 p' 满足：

$$\forall M \in R(N, M_0) : M(p') = 0 \wedge p' \neq i \wedge p' \neq p$$

注：$p' \neq i$ 是因为 p' 永不被标识而 i 是可被标识的，$p' \neq p$ 是源于 N 中无环路。从 p' 开始，又可以找到 t'' 使得

$$\forall M \in R(N, \llbracket i \rrbracket) : \neg M[t''\rangle \wedge i \in {}^{\bullet}t'' \wedge t' \neq t'' \neq t$$

以及相应的 p'' 满足：

$$\forall M \in R(N, M_0) : M(p'') = 0 \wedge p' \neq p'' \neq i \wedge p' \neq p'' \neq p$$

如此下去，就存在无限多个互不相同的变迁库所对：

$$(t', p') \text{、} (t'', p'') \text{、} (t''', p''') \text{、} \cdots$$

这与 P 与 T 的有限性相矛盾。所以，在弱健壮的无环非对称选择工作流网中不存在永无使能机会的变迁，即这样的工作流网是健壮的。　　　　　　　　　　　　**证毕**

下面将证明：对于自由选择工作流网，其健壮性等价于弱健壮性，而 Aalst 证明自由选择工作流网的健壮性是多项式可判定的 [85]。

3.3.4　自由选择工作流网健壮性等价于弱健壮性

定理 3.7　自由选择工作流网是健壮的当且仅当它是弱健壮的。

证明：（必要性）依据健壮性与弱健壮性的定义可知必要性成立。

（充分性）反证法。假设自由选择工作流网 $N = (P, T, F)$ 是弱健壮的但不是健壮的，即

$$\exists t \in T, \forall M \in R(N, \llbracket i \rrbracket) : \neg M[t\rangle$$

由于 N 是自由选择网，所以 t 的前集必然满足如下两种情况之一。

情况 1：$|{}^{\bullet}t| = 1$。

情况 2：$|{}^{\bullet}t| > 1 \wedge \forall p \in {}^{\bullet}t: p^{\bullet} = \{t\}$。

对于第一种情况，不妨令

$${}^{\bullet}t = \{p\}$$

由于 t 永远没有使能的机会，所以，

$$\forall M \in R(N, \llbracket i \rrbracket) : M(p) = 0$$

对于第二种情况, 一定有

$$\forall p \in {}^\bullet t, \forall M \in R(N, [\![i]\!]) : M(p) = 0$$

这是因为: 如果

$$\exists p' \in {}^\bullet t, \exists M' \in R(N, [\![i]\!]) : M'(p') > 0$$

则意味着 p' 中的托肯存在于从 M' 可达的任何标识中 (由于 p' 的输出变迁只有 t 而 t 是永不使能的); 而又由于 N 是弱健壮的, 则 o 在 M' 之后必然被标识; 这意味着当 o 被标识时 p' 中还有托肯, 与弱健壮性的定义相矛盾。

因此, 无论上述那种情况出现, 都会使得 t 的输入库所永远不会被标识; 这就意味着 t 的输入库所的输入变迁都是永远不会发生的; 类似于 t 的分析, 就可以推导出 t 的输入库所的输入变迁的输入库所永远不会被标识; 如此下去, 说明源库所 i 也不会被标识 (因为存在从 i 到 t 的有向路径); 这与 i 在初始标识下被标识相矛盾。所以, 前面的假设不成立。 证毕

3.4 跨组织工作流网兼容性判定问题的复杂度

正如第 2 章所述, 跨组织工作流网可以转化为工作流网, 并且跨组织工作流网是兼容的当且仅当转化后的工作流网是健壮的, 跨组织工作流网是弱兼容的当且仅当转化后的工作流网是弱健壮的。因此, 前面关于工作流健壮性与弱健壮性判定问题复杂度的结论同样适用于相应的跨组织工作流网的兼容性与弱兼容性判定问题, 总结如下:

定理 3.8 跨组织工作流网的兼容性判定问题是 PSPACE 难的。

定理 3.9 k-有界跨组织工作流网的兼容性判定问题是 PSPACE 完全的。

定理 3.10 无环跨组织工作流网的兼容性判定问题是 co-NP 完全的。

定理 3.11 安全非对称选择跨组织工作流网的兼容性判定问题是 co-NP 难的。

定理 3.12 无环非对称选择跨组织工作流网是兼容的当且仅当它是弱兼容的。

定理 3.13 自由选择跨组织工作流网是兼容的当且仅当它是弱兼容的。

图 3.4 展示了不同工作流网类的健壮性与弱健壮性判定问题的复杂度谱系, 界定了它们在复杂度家族中的位置。注: 该谱系同样适用于跨组织工作流网类的兼容性与弱兼容性判定问题。

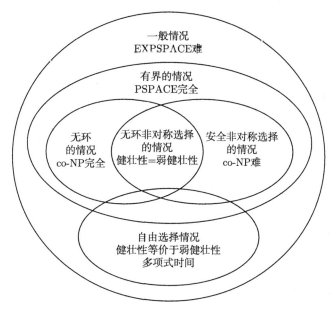

图 3.4 健壮性与弱健壮性判定问题、兼容性与弱兼容性判定问题复杂度谱系

3.5 资源分配网死锁判定问题的复杂度

本节首先证明: 对于资源分配网来说, 即使是安全的资源分配网, 死锁判定问题也是 NP 完全的, 这里的安全意味着每一类资源只有一个单位量; 另外证明: 对于加权的资源分配网来说, 死锁判定问题也是 NP 完全的, 这里的加权意味着可一次性申请或分配一类资源的多个单位量。

3.5.1 安全的资源分配网死锁判定问题是 NP 完全的

首先, 将每个析取项只有 3 个字的合取范式的可满足性问题在多项式时间内规约为安全资源分配网的死锁判定问题。对于由变量 x_1、x_2、$\cdots$、x_n 与其否定构成的合取范式

$$H = \bigwedge_{j=1}^{m} D_k = (l_{1,1} \vee l_{1,2} \vee l_{1,3}) \wedge (l_{2,1} \vee l_{2,2} \vee l_{2,3}) \wedge \cdots \wedge (l_{m,1} \vee l_{m,2} \vee l_{m,3})$$

构造资源分配网如下:

$$P = \{i, o\} \cup \{p_1, p_2, p_3, p_4, p_5, p_6, p_7, p_8\} \cup \{p_{1,j}, p_{2,j}, p_{3,j}, p_{4,j} | j \in \mathbb{N}_n^+\}$$
$$\cup \{p_{5,j}, p_{6,j} | j \in \mathbb{N}_m^+\} \cup \{c_{j,1}, c_{j,2} | j \in \mathbb{N}_n^+\} \cup \{r_1, r_2\} \cup \{r_{j,1}, r_{j,2} | j \in \mathbb{N}_n^+\}$$
$$T = \{t_1, t_2, t_3, t_4, t_5, t_6, t_7, t_8, t_9, t_{10}, t_{11}\}$$

$$\cup \{t_{j,1}, t_{j,2}, t'_{j,1}, t'_{j,2} | j \in \mathbb{N}_n^+\} \cup \{d_{j,1}, d_{j,2}, d_{j,3} | j \in \mathbb{N}_m^+\}$$

$$F = \{(i, t_1), (t_1, v_1), (t_1, v_2)\} \cup \{(t_1, i_j), (t_1, o_k) | j \in \mathbb{N}_n^+, k \in \mathbb{N}_m^+\}$$

$$\cup \{(t_2, v_3), (v_1, t_2), (v_2, t_2)\} \cup \{(t_3, v_4), (i'_j, t_3) | j \in \mathbb{N}_n^+\}$$

$$\cup \{(t_4, v_2), (t_4, v_5), (v_3, t_4), (v_4, t_4)\} \cup \{(t_5, v_6), (t_5, o_j), (g_j, t_5) | j \in \mathbb{N}_m^+\}$$

$$\cup \{(t_6, v_2), (t_6, v_7), (v_5, t_6), (v_6, t_6)\} \cup \{(t_7, v_2), (t_7, v_8), (v_6, t_7), (v_7, t_7)\}$$

$$\cup \{(t_8, o'_1), (v_6, t_8), (v_8, t_8)\}$$

$$\cup \{(t_{j,k}, p_{j,k}), (i_j, t_{j,k}) | j \in \mathbb{N}_n^+, k \in \mathbb{N}_2^+\}$$

$$\cup \{(t'_{j,k}, i'_j), (t'_{j,k}, v_3), (v_3, t'_{j,k}), (p_{j,k}, t'_{j,k}) | j \in \mathbb{N}_n^+, k \in \mathbb{N}_2^+\}$$

$$\cup \{(t_{j,1}, c_{y,z}), (t'_{j,2}, c_{y,z}) | j \in \mathbb{N}_n^+, y \in \mathbb{N}_m^+, z \in \mathbb{N}_3^+, l_{y,z} = x_i\}$$

$$\cup \{(t_{j,2}, c_{y,z}), (t'_{j,1}, c_{y,z}) | j \in \mathbb{N}_n^+, y \in \mathbb{N}_m^+, z \in \mathbb{N}_3^+, l_{y,z} = \neg x_i\}$$

$$\cup \{(d_{j,k}, g_j), (o_j, d_{j,k}), (c_{j,k}, d_{j,k}) | j \in \mathbb{N}_m^+, k \in \mathbb{N}_3^+\}$$

$$\cup \{(e_j, o'_{j+1}), (o_j, e_j), (o'_j, e_j) | j \in \mathbb{N}_m^+, o'_{m+1} = o\}$$

下面, 结合图 3.5 所展示的对应合取范式

$$H_1 = (x_1 \vee x_2 \vee \neg x_3) \wedge (x_1 \vee \neg x_2 \vee x_3) \wedge (\neg x_1 \vee \neg x_2 \vee x_3)$$

的资源分配网来解释上述构造。事实上, 所构造的资源分配网是一个 G-任务。使用资源库所 $r_{j,1}$ 与 $r_{j,2}$ 来代表布尔变量 x_j 是否为真, 即 $r_{j,1}$ 有一个托肯则表示 x_j 为真, $r_{j,2}$ 有一个托肯则表示 x_j 为假 (即 $\neg x_j$ 为真), 这里 $j \in \mathbb{N}_n^+$。因此, 使用处于冲突关系的变迁对 $t_{j,1}$ 与 $t_{j,2}$ 将 $r_{j,1}$ 或 $r_{j,2}$ 中的托肯移走, 移走 $r_{j,1}$ 中的托肯意味着为 x_j 赋值为假 (即 $\neg x_j$ 为真, 因为 $r_{j,2}$ 中的托肯被留下来了), 而移走 $r_{j,2}$ 中的托肯意味着为 x_j 赋值为真 (因为 $r_{j,1}$ 中的托肯被留下来了)。因此, 变迁

$$t_{1,1} \ 或 \ t_{1,2}、t_{2,1} \ 或 \ t_{2,2}、\cdots、t_{n,1} \ 或 \ t_{n,2}$$

发生后, 就意味着为 n 个布尔变量进行了一次赋值。赋值后, 只有变迁 t_2 是使能的, 并且发生 t_2 后, 再利用变迁

$$d_{1,1}、d_{1,2}、d_{1,3}、d_{2,1}、d_{2,2}、d_{2,3}、\cdots、d_{m,1}、d_{m,2}、d_{m,3}$$

去判定该赋值是否使得合取范式的值为真。

(1) 如果合取范式的值为真, 则变迁 t_4、变迁 t_5 能够发生, 从而使资源库所 r_1 中的托肯被 p_3 占有, 而此时资源库所 r_2 中的托肯可以被 p_7 占有, 从而产生一个死锁状态。

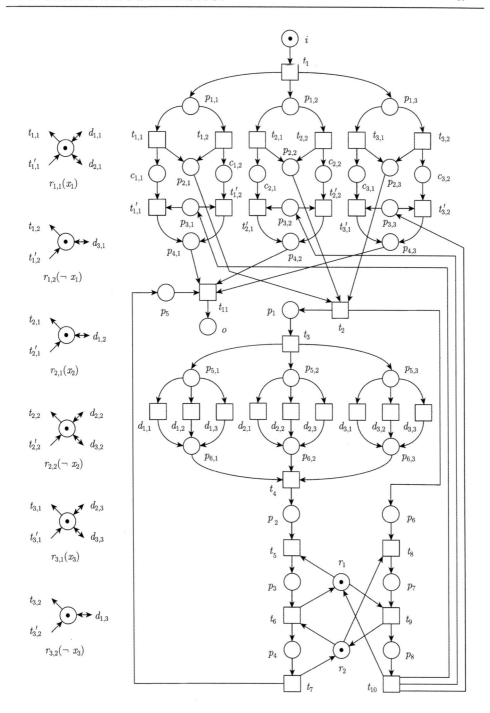

图 3.5 对应合取范式 $H_1 = (x_1 \vee x_2 \vee \neg x_3) \wedge (x_1 \vee \neg x_2 \vee x_3) \wedge (\neg x_1 \vee \neg x_2 \vee x_3)$ 的安全的资源分配网, 其中自环用两端均为箭头的弧表示

(2) 如果合取范式的值为假，则资源库所 r_1 中的托肯就不能被 p_3 先占有（因为 t_4、t_5 暂时不能发生），而此时资源库所 r_1 与 r_2 中的托肯就保证只有变迁 t_8、t_9、t_{10} 发生，从而使得变迁 $t'_{j,1}$ 或 $t'_{j,2}$ 发生，从而使得原来从库所 $r_{j,1}$ 或 $r_{j,2}$ 中被消耗的托肯再次被产生，这里 $j \in \mathbb{N}_n^+$。这样，就又保证变迁

$$d_{j,1}、d_{j,2}、d_{j,3}$$

中有且只有一个能发生（这里：$j \in \mathbb{N}_m^+$），从而使得 t_4、t_5、t_6、t_7 能发生，最终变迁 t_{11} 发生送一个托肯进入库所 o。

总而言之，如果存在赋值使得合取范式的值为真，则所构造的资源分配网就存在死锁，如果任何赋值都不使得合取范式的值为真，则所构造的资源分配网无死锁。因此得到如下结论：

引理 3.6　一个合取范式是可满足的当且仅当所构造的资源分配网有死锁。

在上述构造中，共产生 $8n + 2m + 12$ 个库所、$4n + 3m + 11$ 个变迁，这里：n 为合取范式中变量的个数、m 为析取项的个数。因此，可以多项式时间完成构造。因此，有如下结论：

引理 3.7　资源分配网的死锁问题是 NP 难的。

下面证明资源分配网的死锁问题是 NP 完全的。

定理 3.14　资源分配网的死锁问题是 NP 完全的。

证明：基于引理 3.7，只需证明资源分配网的死锁判定落在 NP 中即可。在文献 [142] 中 Zouari 与 Barkaoui 已经证明：一个有界的资源分配网是无死锁的当且仅当每个极小虹吸在每个可达标识下都有托肯。事实上，有资源分配网的定义易知每个资源分配网都是有界的，而前面所构造的资源分配网是安全的。因此，一个资源分配网有死锁当且仅当存在一个极小虹吸与可达标识使得该虹吸在该标识下无托肯。因此，可以正确地猜测这样的一个虹吸与标识，并且可以在多项式时间内检测该标识下该虹吸内是否有托肯。因此，资源分配网的死锁判定落在 NP 内。所以，资源分配网的死锁问题是 NP 完全的。　　　　　　　　　　　　　　　　　**证毕**

3.5.2　赋权的资源分配网死锁判定问题是 NP 完全的

赋权的资源分配网就是在定义 2.22 中给出的资源分配网的基础上，考虑与资源库所连接的弧上的权值大于 1 的情况，但仍然需满足定义 2.21 中的第 3 个条件。这里不再描述具体定义，详情可参考文献 [55]、[143]。下面展示划分问题可以在多项式时间内规约为赋权资源分配网的死锁判定问题。

给定一个由正整数构成的多集

$$[\![a_1, a_2, \cdots, a_n]\!]$$

可以在多项式时间内构造图 3.6 所示的赋权资源分配网, 图中

$$a_0 = \frac{1}{2} \sum_{j=1}^{n} a_j$$

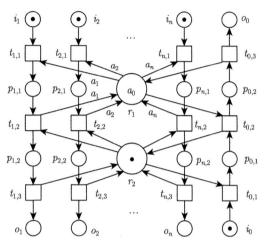

图 3.6 对应划分问题的赋权资源分配网

显然, 如果存在一个划分使得这两部分中的元素之和相等, 则发生任一部分所对应的变迁就可以将 r_1 中的 a_0 个托肯移走, 而此时再发生变迁 $t_{0,1}$ 去消耗掉 r_2 中的托肯, 就产生一个死锁; 如果不存在这样的一个划分, 则该赋权资源分配网就不存在死锁。因此, 有如下结论:

引理 3.8 赋权资源分配网的死锁问题是 NP 难的。

同样, 赋权资源分配网是有界的, 并且 Zouari 与 Barkaoui 已经证明: 一个有界的资源分配网是无死锁的当且仅当对每个极小虹吸 S 与每个可达标识 M 来说, 总有

$$\exists p \in S : M(p) \geqslant \max\{W(p,t) | t \in p^\bullet\}$$

式中, $W(p,t)$ 是弧 (p,t) 上的权值。因此, 一个赋权资源分配网有死锁当且仅当存在一个极小虹吸 S 与一个可达标识 M 使得

$$\forall p \in S : M(p) < \max\{W(p,t) | t \in p^\bullet\}$$

因此, 可以正确地猜测这样的一个虹吸与标识, 并且可以在多项式时间内检测上式是否成立。因此, 赋权资源分配网的死锁判定落在 NP 内。所以, 赋权资源分配网的死锁问题是 NP 完全的。

定理 3.15 赋权资源分配网的死锁问题是 NP 完全的。

从多项式规约所构造的赋权资源分配网（图 3.6）来看，每个 G-任务都是最简单的网：既没有选择结构，也没有并发结构。也就是说，对这种非常简单的资源分配网来说，其死锁判定问题也是非常困难的。

第4章 Petri 网的元展

本章首先回顾 Petri 网的分支进程（branching process）与展开（unfolding）的概念[92]，然后定义 Petri 网的元展（primary unfolding）并证明其有限性（finiteness）与完整性（completeness），最后给出求解元展的算法。

4.1 Petri 网的展开

4.1.1 并发与冲突

首先基于网的结构，定义一个网中两个节点的两种特殊关系：冲突与并发。

定义 4.1(冲突) 给定网 $N = (P,\,T,\,F)$ 中的两个节点 x 与 y，如果存在两个不同的变迁 t_1 与 t_2 满足：

$$(t_1,\,x) \in F^+ \wedge (t_2,\,y) \in F^+ \wedge {}^\bullet t_1 \cap {}^\bullet t_2 \neq \varnothing$$

则称 x 与 y 是冲突的（conflict），或处于冲突关系中，并记为 $(x,\,y) \in \#$ 或者 $x \# y$，其中：F^+ 是 F 的传递闭包。如果节点 x 满足 $x \# x$，则称 x 是自冲突的（self-conflict）。

定义 4.2(并发) 给定网 $N = (P,\,T,\,F)$ 中的两个不同节点 x 与 y，如果

$$(x,\,y) \notin F^+ \wedge (y,\,x) \notin F^+ \wedge (x,\,y) \notin \#$$

则称 x 与 y 是并发的（concurrent），或处于并发关系中，记为 $(x,\,y) \in \|$ 或者 $x \| y$。

显然，冲突关系与并发关系均满足对称性，但不满足传递性与自反性。通常，如果 $(x,\,y) \in F^+$，则称 x 与 y 处于因果（causal）关系中。

4.1.2 分支进程

定义 4.3(出现网) 如果网 $N = (P,\,T,\,F)$ 满足下述三个条件：
(1) $\forall x,\,y \in P \cup T: (x,\,y) \in F^+ \Rightarrow (y,\,x) \notin F^+$。
(2) $\forall p \in P: |{}^\bullet p| \leqslant 1$。
(3) $\forall x \in P \cup T: (x,\,x) \notin \#$。
则称 N 是一个出现网（occurrence net）。

通常，出现网中的库所与变迁分别称为条件（condition）与事件（event），本书中有时将它们称作条件库所与事件变迁，在不引起歧义的情况下，仍然简称条件与

事件。为了方便，用 $O = (S,\ E,\ G)$ 表示一个出现网，其中 S、E、G 分别是条件集、事件集与弧集。一个出现网中所有没有输入弧的条件的集合被记作：

$$^\circ O = \{c \in S | {}^\bullet c = \varnothing\}$$

已知从集合 X 到 Y 的函数 $h\colon X \to Y$ 以及集合 X 的子集 X_1，用 $[\![h(x)|x \in X_1]\!]$（等同地，$h[\![X_1]\!]$）来表示 Y 上的这样一个袋集 B：任取 $y \in Y$，总有

$$B(y) = \begin{cases} \displaystyle\sum_{\substack{x \in X_1 \\ h(x)=y}} X_1(x), & \exists x \in X_1, h(x) = y \\ 0, & \forall x \in X_1, h(x) \neq y \end{cases}$$

此外，用 $h(X_1)$ 表示 Y 的一个子集，即

$$h(X_1) = \{y \in Y | \exists x \in X_1 \colon\ h(x) = y\}$$

定义 4.4（分支进程）　令 $(N,\ M_0) = (P,\ T,\ F,\ M_0)$ 是一个 Petri 网，如果出现网 $O = (S,\ E,\ G)$ 以及同态 $h\colon S \cup E \to P \cup T$ 满足如下条件：

(1) $(S \cup E) \cap (P \cup T) = \varnothing \wedge h(S) \subseteq P \wedge h(E) \subseteq T$。

(2) $\forall e \in E\colon h({}^\bullet e) = {}^\bullet h(e) \wedge h(e^\bullet) = h(e)^\bullet$。

(3) $h[\![^\circ O]\!] = M_0$。

(4) $\forall e_1, e_2 \in E\colon ({}^\bullet e_1 = {}^\bullet e_2 \wedge h(e_1) = h(e_2)) \Rightarrow e_1 = e_2$。

则称 $(O,\ h)$ 是 $(N,\ M_0)$ 的一个分支进程（branching process）。

一个分支进程可以被无限多个同构的出现网表示。因此，为了用一种统一的方式来表示所有同构的分支进程，文献 [92] 和 [155] 给出了规范化编码（canonical coding）来对出现网中的事件与条件进行标注：

$$\forall x \in S \cup E\colon \mathrm{cod}_O(x) = \langle h(x), \{\mathrm{cod}_O(y)|\forall y \in {}^\bullet x\}\rangle$$

令 $(O,\ h) = (S,\ E,\ G,\ h)$ 是 Petri 网 $(N,\ M_0) = (P,\ T,\ F,\ M_0)$ 的一个分支进程，并且满足：

$$\forall c \in {}^\circ O\colon\ \mathrm{cod}_O(c) = \langle h(c),\ \varnothing\rangle$$

例 4.1　图 4.1 是一个工作流网系统，图 4.2 展示了一个对其进行规范化编码的分支进程。

注解 4.1　在初始标识 M_0 下，如果一个库所 p 有 $k\ (k > 1)$ 个托肯，则一个分支进程在规范化编码下就有 k 个条件均被编码为 $\langle p,\ \varnothing\rangle$，这是不允许的；因此，为了区分它们，只需加 k 个下标即可：$\langle p,\ \varnothing\rangle_1, \langle p,\ \varnothing\rangle_2, \cdots, \langle p,\ \varnothing\rangle_k$。

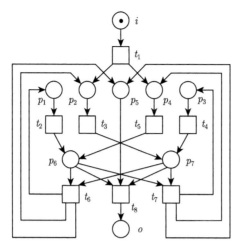

图 4.1 一个无界的工作流网系统

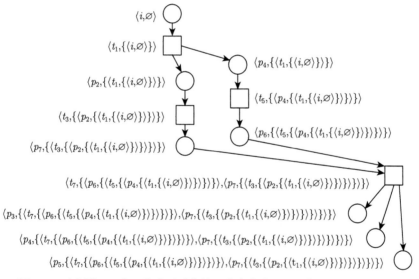

图 4.2 对应图 4.1 中工作流网系统的一个分支进程，并使用了规范化编码

分支进程的规范化编码使得对分支进程的性质与证明的表述更为方便；然而，从图形上来看过于繁琐；因此，一般在图形上采用图 4.3 所示的形式，即条件与事件的名称仍然标注在相应的圆圈与方框旁边，而对应的原 Petri 网中的库所与变迁的名称（即同态下的像）标注在圆圈与方框内。

例 4.2 图 4.3 展示了图 4.1 中工作流网系统的两个分支进程。在图 4.3 (a) 中，事件 e_2 与 e_3 处于并发关系，条件 c_2 与 c_3 也处于并发关系，事件 e_6 与 e_7 处于冲突关系，条件 c_6 与 c_{10} 处于冲突关系。

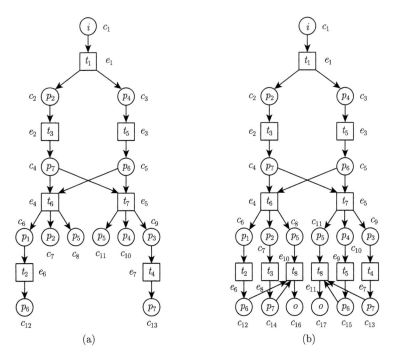

图 4.3　对应图 4.1 中工作流网系统的两个分支进程, 图 4.3 (a) 是图 4.3 (b) 的一个前缀

例 4.3　图 4.3 (a) 中, 条件 c_2 与 c_7 均映射为库所 p_2, 所以, 针对条件集 $C_1 = \{c_2,\ c_7\}$ 可以得到: $h[\![C_1]\!] = [\![2p_2]\!]$ 而 $h(C_1) = \{p_2\}$。

定义 4.5(前缀)　给定一个 Petri 网 的两个分支进程 $(O_1,\ h_1) = (S_1,\ E_1,\ G_1,\ h_1)$ 与 $(O_2,\ h_2) = (S_2,\ E_2,\ G_2,\ h_2)$, 如果

$$S_1 \subseteq S_2 \wedge E_1 \subseteq E_2$$

则称 $(O_1,\ h_1)$ 是 $(O_2,\ h_2)$ 的一个前缀 (prefix)。

例 4.4　图 4.3 (a) 中的分支进程是图 4.3 (b) 中分支进程的一个前缀。

尽管在前缀的定义中只要求 $S_1 \subseteq S_2$ 与 $E_1 \subseteq E_2$, 但实际上这已经蕴含着如下情况 [92]:

(1) $(c \in S_1 \wedge (e,\ c) \in G_1) \Rightarrow e \in E_2$。

(2) $(e \in E_1 \wedge ((c,\ e) \in G_2 \vee (e,\ c) \in G_2)) \Rightarrow c \in S_1$。

(3) h_1 是 h_2 在 $S_1 \cup E_1$ 上的一个投影, 即 $\forall x \in S_1 \cup E_1: h_1(x) = h_2(x)$。

4.1.3　展开

事实上, 给定一个 Petri 网, 它的所有分支进程在前缀关系下构成了一个偏序集合 (partially ordered set) [92], 即针对所有分支进程的集合, 前缀关系是自反

的、反对称的以及传递的。更进一步地，给定一个 Petri 网，其所有分支进程的集合与前缀关系构成了一个完全格（complete lattice）[92]，即所有子集都有上确界（least upper bound）与下确界（greatest lower bound）；因此，它有唯一的一个最大元（greatest element），而此最大元称为该 Petri 网的展开（unfolding）[92]。显然，一个 Petri 网的每一个分支进程都是其展开的一个前缀。

一个 Petri 网的展开，包含了该 Petri 网所有的状态，以及所有可发生的变迁序列，无论是有限的还是无限的，无论是串行的还是并发的。它不仅能反映出系统活动的所有顺序依赖关系与冲突关系，而且还能反映出所有的并发关系。因此，从理论的角度看，它是一种真并发语义下对系统运行的表达。

当一个 Petri 网是无界的或者存在无限循环的可发生序列时，它的展开就是无限的（有无限多个事件与条件）。因此，从应用的角度看，难以利用一个无限的展开去分析系统性质。如果能够将一个无限的展开进行剪切而得到一个有限的前缀，并且这个前缀能够保留足够的信息以至于可以被利用去分析系统的一些性质，则可以研究这样的剪切方法；并且研究已显示，这样的有限前缀是可以被应用的，而且当系统存在诸多并发活动时，有限前缀比可达图更能节约存储空间。

另外，在定义 Petri 网时并没有要求库所集与变迁集是有限的，其原因就在于一个展开可能是无限的而展开是通过一种特殊的网来表示的；以后，假定一个模拟并发系统的 Petri 网是有限的（即其库所集与变迁集是有限的）。下面就给出一种剪切 Petri 网展开的方法，这里的 Petri 网是有限的但可以是无界的。

4.2 Petri 网的元展的定义

4.2.1 切与可能扩展

在给出 Petri 网元展的定义之前，再回顾一些有关 Petri 网展开的概念。

定义 4.6（并发集） 给定一个 Petri 网的分支进程 $(O, h) = (S, E, G, h)$，如果 $X \subseteq S \cup E$ 满足：

$$\forall x_1, x_2 \in X : x_1 \neq x_2 \Rightarrow x_1 \parallel x_2$$

则称 X 是此分支进程的一个并发集（co-set）。

定义 4.7（切） 如果 $C' \subseteq S$ 是 (O, h) 的一个极大并发集，即

$$\forall C'' \subseteq S : C'' \supset C' \Rightarrow C''\text{不是一个并发集}$$

则称 C' 是此分支进程的一个切（cut）。

通常，切定义在 $S \cup E$ 之上，这里将它限定在条件集 S 上。每一个切都对应原 Petri 网中唯一的一个可达标识；但是，原 Petri 网的一个可达标识可能对应展

开中的多个切，这是因为一个可达标识可能由多个不同的可发生序列导致，而每一个可发生序列都对应一个分支进程。同样，一个可发生序列都对应唯一的一个分支进程；但是，一个分支进程可能对应多个不同的发生序列，因为一个分支进程中的并发事件可对应多个交错序列。

例 4.5　在图 4.3 (b) 所示的分支进程中，$\{c_8, c_{12}, c_{14}\}$ 与 $\{c_{11}, c_{13}, c_{15}\}$ 是两个切，并且它们均对应原 Petri 网的同一个可达的标识 $[\![p_5, p_6, p_7]\!]$。同样，这一分支进程对应了诸多发生序列，如

$$e_1(t_1)e_2(t_3)e_4(t_6)e_6(t_2)e_8(t_3)e_{10}(t_8)$$

与

$$e_1(t_1)e_2(t_3)e_4(t_6)e_8(t_3)e_6(t_2)e_{10}(t_8)$$

均导致可达标识 $[\![p_5, p_6, p_7]\!]$。

因为一个 Petri 网的展开是在一个出现网之上定义的，所以，如果为这个出现网配上一个初始标识（即每个没有输入事件的条件中放入一个托肯，记为 C_0），则原 Petri 网与此出现网（配上上述初始标识）就有着相同的行为。可用下面形式化来描述这一性质。

定理 4.1　给定 Petri 网 (N, M_0) 及其展开 (O, h)，则

$$M_0[t_0\rangle M_1[t_1\rangle \cdots M_{k-1}[t_{k-1}\rangle M_k$$

是 (N, M_0) 的有限可发生序列当且仅当在 (O, h) 中存在有限可发生序列

$$C_0[e_0\rangle C_1[e_1\rangle \cdots C_{k-1}[e_{k-1}\rangle C_k$$

满足:

(1) $\forall j \in \mathbb{N}_{k-1}$: $h(e_j) = t_j$。

(2) $\forall j \in \mathbb{N}_k$: C_j 是 (O, h) 的一个切并且 $h[\![C_j]\!] = M_j$。

为方便叙述，记 $\mathcal{C}(O)$ 为分支进程 (O, h) 的所有切的集合，记 $\mathcal{C}_X(O)$ 为包含并发集 X 的所有切的集合，即

$$\mathcal{C}_X(O) = \{C \in \mathcal{C}(O) | X \subseteq C\}$$

显然，对于分支进程 (O, h) 的事件 $\langle t, X \rangle$ 来说，$\mathcal{C}_X(O)$ 是 O 中所有使事件 $\langle t, X \rangle$ 使能的切的集合。

例 4.6　在图 4.3 (b) 中，对于给定的并发集 $X = \{c_6\}$ 来说，

$$\mathcal{C}_X(O) = \{\{c_6, c_7, c_8\}, \{c_6, c_8, c_{14}\}\}$$

由于具有无限可发生序列的 Petri 网的展开是无限的，所以，为了利用展开分析系统性质，这样的展开必须被剪切为一个有限的前缀（即有限性[91,93,94,98,155]）；除有限性外，如果希望此有限前缀反映原系统的所有行为并利用此前缀可以分析系统性质，则一般还要满足完整性[91,93,94,98,155]：原系统中的每一个可达标识在其中要有一个对应的切，而对于在任一可达标识下可发生的变迁来说，在此有限前缀中要有一个对应的事件。

目前，产生有限前缀的方法[91,93,94,98,155] 是针对有界 Petri 网的（通常，限定为安全 Petri 网），而这里给出了一个针对无界 Petri 网的方法，生产一个称为元展（primary unfolding）的有限前缀。因为无界 Petri 网的可达标识有无限多个，所以这样一个有限前缀不可能满足完整性（对无界 Petri 网来说），即有些可达标识不能在元展中找到对应的切。然而，可以利用元展来分析系统的一些性质，如判定工作流的健壮性；后面也将证明，对于有界 Petri 网来说，其元展仍然满足完整性，是一个有限完整前缀（finite complete prefix，FCP）；特别地，后面将看到（尽管目前还不能证明），有界 Petri 网的元展的规模不大于（甚至小于）经典方法[104] 产生的有限完整前缀。为了定义元展，先了解如下两个概念。

定义 4.8（前驱与后继） 令 $(O, h) = (S, E, G, h)$ 是 Petri 网 (N, M_0) 的一个分支进程，C_1 与 C_2 是 (O, h) 的两个切。如果

$$\forall c_1 \in C_1, \forall c_2 \in C_2 : (c_2, c_1) \notin G^+ \wedge (c_2, c_1) \notin \#$$

则称 C_1 是 C_2 的前驱（predecessor），C_2 是 C_1 的后继（successor），记为 $C_1 \preceq C_2$ 或者 $C_2 \succeq C_1$。

$C_1 \preceq C_2$ 意味着在带有初始标识 C_0 的 O 中，C_2 的到达不会早于 C_1。如果

$$C_1 \preceq C_2 \wedge C_1 \neq C_2$$

则称 C_1 是 C_2 的真前驱（proper predecessor），或者称 C_2 是 C_1 的真后继（proper successor），记为 $C_1 \precneqq C_2$ 或者 $C_2 \succneqq C_1$。实际上，对于分支进程 (O, h) 中给定的任意一个切来说，它的所有前驱以及连接这些前驱的事件就形成了传统上称为进程或分布式运行（distributed run）[50] 的一种特殊的分支进程（特殊性在于此分支进程中没有冲突关系，只有一个分支）。类似地，可以定义两个事件间的真前驱与真后继：如果 $(e_1, e_2) \in G^+$，则称 e_1 是 e_2 的真前驱，e_2 是 e_1 的真后继，记为 $e_1 \precneqq e_2$ 或者 $e_2 \succeq e_1$。

另外，后面章节中介绍模型检测 CTL 时，还会用到切的直接前驱与直接后集，定义如下：已知 $C_1 \precneqq C_2$，如果存在事件 e 满足：

$$C_2 = (C_1 \setminus {}^\bullet e) \cup e^\bullet$$

则称 C_1 是 C_2 的一个直接前驱（direct predecessor），称 C_2 是 C_1 的一个直接后继（direct successor）。

定义 4.9(可能扩展 [94])　令 (O, h) 是 Petri 网 (N, M_0) 的一个分支进程，如果 O 的并发集 X 与 N 的变迁 t 满足如下条件：

(1) $h(X) = {}^\bullet t$。

(2) 事件 $\langle t, X \rangle$ 没有出现在 (O, h) 中。

则称事件 $\langle t, X \rangle$ 是 (O, h) 的一个可能扩展 (possible extension)。

例 4.7　图 4.3 (a) 所示的分支进程有两个可能扩展：$\langle t_3, \{c_7\} \rangle$ 与 $\langle t_5, \{c_{10}\} \rangle$。

为了方便，用 $\mathbb{E}(O, h)$ 表示分支进程 (O, h) 的所有可能扩展的集合，在不引起歧义的情况下，直接用 $\mathbb{E}$ 表示。当一个可能扩展连同它的输出条件加入到一个分支进程中后，就会产生一个新的分支进程。我们提出一些约束条件，使得一些可能扩展不再加入进来，从而构成元展。

4.2.2　元展

定义 4.10(Petri 网的元展)　如果 Petri 网 $(N, M_0) = (P, T, F, M_0)$ 的分支进程 $(O, h) = (S, E, G, h)$ 满足如下两点。

(1) $\forall \langle t, X \rangle \in E,\ \exists C \in \mathcal{C}_X(O),\ \forall C' \in \mathcal{C}(O),\ \forall C'' \in \mathcal{C}_X(O)$：

$$C' \precneqq C \preceq C'' \Rightarrow h[\![C']\!] \nleqslant h[\![C'']\!]$$

(2) $\forall \langle t, X \rangle \in \mathbb{E},\ \forall C \in \mathcal{C}_X(O),\ \exists C' \in \mathcal{C}(O),\ \exists C'' \in \mathcal{C}_X(O)$：

$$C' \precneqq C \preceq C'' \ \wedge \ h[\![C']\!] \leqslant h[\![C'']\!]$$

则称 (O, h) 是 (N, M_0) 的一个元展开 (primary unfolding)，简称元展。

注解 4.2　在文献 [156] 中，该定义被命名为 basic unfolding，一般翻译为基本展开。由于本书中大量使用基于基本展开，而连着出现两个基，比较绕口，故而在本书中重命名为元展。另外，元也有基本的意思，并且，元的本意为头，引申为开始的意思 [157]；的确，从元展开始，可以得到整个展开，并且更重要的是，元展中已包含了系统的基本行为，而（对于有界 Petri 网而言）其他的行为可以由这些基本行为产生。这是本书元展命名的由来。

例 4.8　图 4.3 (a) 中的分支进程为图 4.1 中的 Petri 网的元展，下面通过分别考察它的事件与可能扩展来说明它符合元展的定义。

(1) 对于它的事件 $e_4 = \langle t_6, \{c_4, c_5\} \rangle$ 来说，$\mathcal{C}_{\{c_4, c_5\}} = \{\{c_4, c_5\}\}$ 并且 $C = \{c_4, c_5\}$ 的所有真前驱为 $\{c_2, c_5\}$、$\{c_3, c_4\}$、$\{c_2, c_3\}$ 与 $\{c_1\}$，显然，对于 C 的任意真前驱 C' 以及属于 $\mathcal{C}_{\{c_4, c_5\}}$ 且为 C 的后继的 C''（注：C'' 为 C）来说，$h[\![C']\!] \nleqslant h[\![C'']\!]$；同样，对于其他事件来说，定义 4.10 的第一点要求也成立。

(2) 它有两个可能扩展 $\langle t_3, \{c_7\}\rangle$ 与 $\langle t_5, \{c_{10}\}\rangle$。考察 $\langle t_3, \{c_7\}\rangle$，首先，$\mathcal{C}_{\{c_7\}} = \{\{c_6, c_7, c_8\}, \{c_7, c_8, c_{12}\}\}$；对于 $C = \{c_6, c_7, c_8\}$ 来说，显然存在 C 的真前驱 $C' = \{c_2, c_5\}$ 以及属于 $\mathcal{C}_{\{c_7\}}$ 且为 C 的后继的 $C'' = \{c_7, c_8, c_{12}\}$ 满足：$h[\![C']\!] \leqslant h[\![C'']\!]$（这是因为 $h[\![C']\!] = [\![p_2, p_6]\!]$ 并且 $h[\![C'']\!] = [\![p_2, p_5, p_6]\!]$）。同样，对于可能扩展 $\langle t_5, \{c_{10}\}\rangle$ 来说，定义 4.10 的第二点要求也成立。

一个事件被保留在元展中，是因为在元展中存在一个使能该事件的切，并且此切的任何后继都没有覆盖此切的任一真前驱。换句话说，该事件的发生能够导致一个新的标识而此标识在此前还没有出现过。

一个可能扩展不再被加入到元展中，是因为对任何使能该事件的切来说，都存在它的一个后继以及一个真前驱，该后继能够覆盖该真前驱。换句话说，所有使能该事件的（极小）条件在此元展中均已出现。

也可以从另外一个角度来理解定义中的两个约束条件：一个事件被保留在元展中，是因为存在一个使能该事件的切，而该切还不能被它的真前驱与后继所见证（witness），即任何真前驱都不能被后继所覆盖；一个可能扩展不必要再加入到元展中，是因为每一个使能该可能扩展的切，都被它的一个真前驱与后继所见证，即该后继覆盖了该前驱。

在元展的定义中，要求 C' 都是 C 的一个真前驱，如若不然，则元展中就没有任何事件了，这是因为对任意给定的事件 $\langle t, X\rangle$ 来说，任取 $C \in \mathcal{C}_X(O)$，令 $C' = C'' = C$，则 $h[\![C']\!] = h[\![C'']\!]$，这样会导致定义 4.10 中的第一个要求对任意事件都不满足。另外，对于一个可能扩展 $\langle t, X\rangle$ 来说，如果

$$\forall C \in \mathcal{C}_X(O), \exists C' \in \mathcal{C}(O), \exists C'' \in \mathcal{C}_X(O) : C' \precnsim C \preceq C'' \wedge h[\![C']\!] = h[\![C'']\!]$$

则事件 $\langle t, X'\rangle$ 在 $\langle t, X\rangle$ 被加入之前就已存在了（这里 $X' \subseteq C' \wedge h[\![X']\!] = h[\![X]\!]$），这样就导致 $\langle t, X\rangle$ 没有必要加入了。

对于有界 Petri 网来说，元展定义的第一个约束条件中的 $h[\![C']\!] \leqslant h[\![C'']\!]$ 可以改为 $h[\![C']\!] \neq h[\![C'']\!]$，第二个约束条件中的 $h[\![C']\!] \leqslant h[\![C'']\!]$ 可以改为 $h[\![C']\!] = h[\![C'']\!]$，这是因为有界 Petri 网中不可能存在一个标识真覆盖另一个标识。因此，可以得到如下定义。

定义 4.11（有界 Petri 网的元展） 如果有界 Petri 网 (N, M_0) 的分支进程 $(O, h) = (S, E, G, h)$ 满足如下两点。

(1) $\forall \langle t, X\rangle \in E$, $\exists C \in \mathcal{C}_X(O)$, $\forall C' \in \mathcal{C}(O)$, $\forall C'' \in \mathcal{C}_X(O)$:

$$C' \precnsim C \preceq C'' \Rightarrow h[\![C']\!] \neq h[\![C'']\!]$$

(2) $\forall \langle t, X\rangle \in \mathbb{E}$, $\forall C \in \mathcal{C}_X(O)$, $\exists C' \in \mathcal{C}(O)$, $\exists C'' \in \mathcal{C}_X(O)$:

$$C' \precsim C \preceq C'' \ \wedge \ h[\![C']\!] = h[\![C'']\!]$$

则称分支进程 $(O,\ h)$ 是有界 Petri 网 $(N,\ M_0)$ 的一个元展。

无界 Petri 网的元展并不一定满足完整性：一些标识（变迁）未必能够在元展中有对应的切（事件）。例如，在图 4.3 所示的元展中，就没有事件对应原 Petri 网中的变迁 t_8。但后面将证明对于有界 Petri 网来说，其元展满足完整性。下面，先证明元展的有限性。

4.3   Petri 网元展的有限性

这里将证明对于任意一个 Petri 网的元展来说，它有有限个事件与条件（即元展的有限性）。首先，介绍 Dickson 引理 [43, 46, 47, 118, 147, 148]。

引理 4.1   对任一包含无限多个 n 维非负整数向量的序列来说，不妨设为 $M_1 \in \mathbb{N}^n,\ M_2 \in \mathbb{N}^n, \cdots$，总存在两个下标 i 与 j 满足：

$$i < j \wedge M_i \leqslant M_j$$

式中，$\mathbb{N}^n$ 表示所有 n 维自然数向量的集合。

定理 4.2   已知一个 Petri 网 $(N,\ M_0)$ 的元展 $(O,\ h)$，如果 N 是有限的，则 O 是有限的。

证明：如果 O 是无限的，则下列三种情况必有一种出现。

情况 1：O 中存在一个无限的切。

情况 2：存在一个有限的切，在此处有无限多个事件是使能的。

情况 3：存在一个无限可发生的序列

$$C_0[e_0\rangle C_1[e_1\rangle C_2[e_2\rangle C_3[e_3\rangle \cdots$$

满足：

(1) $h[\![C_0]\!] = M_0$。

(2) 该序列的每一个切都是有限的。

(3) 在该序列的每一个切处，仅有有限个使能的事件。

情况 1 不会发生。假设 O 有一个无限切 C。由于一个切中的每个条件都对应网 N 中的一个库所并且 N 只有有限个库所，所以，一定存在 N 的一个库所 p 以及 C 的一个无限子集

$$\{c',\ c'',\ c''', \cdots\}$$

满足：

$$h(c') = h(c'') = h(c''') = \cdots = p$$

这意味着原 Petri 网中存在一个可达标识，此标识中 p 里面具有无限多个托肯，显然这与标识的定义相矛盾。

情况 2 也不会发生。这是因为 O 中的每一个有限切都对应原 Petri 网中的一个可达标识（见定理 4.1），而由于原 Petri 网中只有有限个变迁，所以在此标识下只有有限个可发生的变迁，所以在有限切下只有有限个使能的事件。

情况 3 也不会发生。假如该情况发生了，根据一个无限的非负整数序列必有一个无限非递减的子序列 [141] 的事实以及 N 的变迁集的有限性，我们知道，必然存在一个无限集

$$\{j_1,\ j_2,\ j_3,\ \cdots\} \subseteq \mathbb{N}$$

满足：

(1) $j_1 < j_2 < j_3 < \cdots$。

(2) $e_{j_1} \npreceq e_{j_2} \npreceq e_{j_3} \npreceq \cdots$。

(3) $h(e_{j_1}) = h(e_{j_2}) = h(e_{j_3}) = \cdots = t$。

(4) $h[\![X_{j_1}]\!] = h[\![X_{j_2}]\!] = h[\![X_{j_3}]\!] = \cdots$。

其中，$\forall j_k \in \{j_1,\ j_2,\ j_3,\ \cdots\}$：$e_{j_k}$ 表示 $\langle t,\ X_{j_k}\rangle$ 并且 $X_{j_k} \subseteq C_{j_k}$。因此，

$$C_{j_1} \npreceq C_{j_2} \npreceq C_{j_3} \npreceq \cdots$$

依据元展定义的第一个约束可知：

$$\forall C \in \{C_{j_1},\ C_{j_2},\ C_{j_3},\ \cdots\},\ \forall C' \in \mathcal{C}(O):\ C' \npreceq C \Rightarrow h[\![C']\!] \nleq h[\![C]\!]$$

由于

$$C_{j_1} \npreceq C_{j_2} \npreceq C_{j_3} \npreceq \cdots$$

所以，对任意的自然数 m 与 n 来说，总有

$$m < n \Rightarrow h[\![C_{j_m}]\!] \nleq h[\![C_{j_n}]\!]$$

然而，依据引理 4.1 可知：对于无限序列

$$h[\![C_{j_1}]\!], h[\![C_{j_2}]\!], h[\![C_{j_3}]\!], \cdots$$

来说，由于它们均属于 $\mathbb{N}^{|P|}$，所以，必然存在自然数 m 与 n 满足：

$$m < n \wedge h[\![C_{j_m}]\!] \leqslant h[\![C_{j_n}]\!]$$

这样就产生了一个矛盾。所以，情况 3 不会出现。　　　　　　　　　　**证毕**

4.4　有界 Petri 网元展的完整性

正如前面所述，对于一个无界 Petri 网来说，由于它具有无限多个不同的标识，而它的元展只有有限个切（对应有限个标识），所以，无界 Petri 网的元展不满足完整性。然而，对于有界 Petri 网来说，其元展满足完整性：对于每一个可达标识来说，在元展中都存在一个相应的切。

对一个有界 Petri 网的每一个可达标识来说，都存在一个极小的可发生变迁序列产生它。

引理 4.2　已知有界 Petri 网 (N, M_0)，则对任一可达标识 $M \in R(N, M_0)$ 来说，都存在一个可发生变迁序列

$$M_0[t_0\rangle M_1[t_1\rangle \cdots M_{k-1}[t_{k-1}\rangle M_k = M$$

满足：

$$\forall m, n \in \mathbb{N}_k : M_m \neq M_n$$

上述结论成立，是因为可以通过任一产生标识 M 的可发生序列来得到这样一个极小可发生序列（注：由于 M 是可达的，所以肯定存在可发生序列产生 M）。换句话说，如果可发生序列

$$M_0[t_0\rangle M_1[t_1\rangle \cdots M_{k-1}[t_{k-1}\rangle M_k = M$$

不是极小的，即存在 l 与 j 满足：

$$l < j \wedge M_l = M_j$$

则意味着序列

$$M_0[t_0\rangle M_1[t_1\rangle \cdots M_l[t_j\rangle M_{j+1}[t_{j+1}\rangle \cdots M_{k-1}[t_{k-1}\rangle M_k = M$$

也是可发生的。如果该序列仍然不是极小的，则用同样的方法可继续截取；由于序列是有限长的，所以最终可以找到一个极小的序列。

定理 4.3　已知有界 Petri 网 (N, M_0) 与它的元展 (O, h)，则对该 Petri 网的任一可达标识 $M \in R(N, M_0)$ 来说，在其元展中必存在切 C 满足 $h[\![C]\!] = M$。

证明：反证法。假设对可达标识 $M \in R(N, M_0)$ 来说，元展中任一个切 C 都不满足 $h[\![C]\!] = M$。依据引理 4.2 可知，在 Petri 网 (N, M_0) 中存在极小发生序列产生 M。不妨设这一极小发生序列为

$$M_0[t_0\rangle M_1[t_1\rangle \cdots M_{k-1}[t_{k-1}\rangle M_k = M$$

并且在元展中存在序列

$$C_0[e_0\rangle C_1[e_1\rangle \cdots \rangle C_{k-1}$$

对应这一极小序列的前缀

$$M_0[t_0\rangle M_1[t_1\rangle \cdots \rangle M_{k-1}$$

但是元展中没有切对应 M。

因此，存在该元展的一个可能扩展 $e = \langle t_{k-1}, X \rangle$ 满足：如果将 e 加入到该元展中，则会产生一个切使得该切对应于 M。依据元展的定义可知：

$$\forall C \in \mathcal{C}_X(O), \exists C' \in \mathcal{C}(O), \exists C'' \in \mathcal{C}_X(O) : C' \precneqq C \preceq C'' \wedge h[\![C']\!] = h[\![C'']\!]$$

然而，对于 $C_{k-1} \in \mathcal{C}_X$ 来说，它本身是它唯一的后继，C_0、$\cdots$、C_{k-2} 是它的所有真前驱；但是，它们所对应的标识（即 M_0、$\cdots$、M_{k-2}、M_{k-1}）却互不相等，这就产生一个矛盾。   **证毕**

4.5 Petri 网元展的生成算法

4.5.1 展开的生成算法

在给出生成元展的算法之前，先来介绍生成展开的算法 [94]（算法 4.1）。尽管此算法是不可行的（因为展开可能是无限的），但是它为生成元展提供了框架。此算法思想很简单，就是给定一个分支进程（初始为 C_0），选出此分支进程的一个可能扩展，然后将该可能扩展添加到此分支进程中，则得到一个新的更大的分支进程，继续从这个新分支进程中选出一个可能扩展添加进去，如此下去，要么直到该分支进程没有了可能扩展（相应 Petri 网的展开是有限的），要么无限下去（相应 Petri 网的展开是无限的）。

算法 4.1 求展开的算法

输入：Petri 网 (N, M_0)，记 $M_0 = [\![p_1, \cdots, p_n]\!]$。

输出：(N, M_0) 的展开 Π。

begin

$\Pi := \{\langle p_1, \varnothing\rangle, \cdots, \langle p_n, \varnothing\rangle\};$ // 初始化展开为 n 个库所，对应初始标识

$pe := \mathbb{E}(\Pi);$ // 当前所有的可能扩展的集合

while $pe \neq \varnothing$ **do** // 可能扩展集不空

　　从 pe 中任选一个可能扩展 $e = \langle t, X\rangle;$

　　$\Pi := \Pi \cup \{e\} \cup \{\langle p, e\rangle | \forall p \in t^\bullet\};$ // 生成新的分支进程

　　$pe := \mathbb{E}(\Pi);$ // 更新所有可能扩展的集合

endwhile

end

4.5.2　元展的生成算法

　　生成元展的算法（算法 4.2）的框架是基于算法 4.1 的；但是，当取出一个可能扩展时（不妨设为 $e = \langle t, X\rangle$），并不是直接将其添加到当前的分支进程中，而是首先依据定义 4.10 中的第二个要求，检测 $e = \langle t, X\rangle$ 是否满足

$$\forall C \in \mathcal{C}_X(O), \exists C' \in \mathcal{C}(O), \exists C'' \in \mathcal{C}_X(O): C' \not\succeq C \preceq C'' \wedge h[\![C']\!] \leqslant h[\![C'']\!]$$

只有不满足时，即

$$\exists C \in \mathcal{C}_X(O), \forall C' \in \mathcal{C}(O), \forall C'' \in \mathcal{C}_X(O): C' \not\succeq C \preceq C'' \Rightarrow h[\![C']\!] \not\leqslant h[\![C'']\!]$$

才将其添加进去。

算法 4.2　求元展的算法

输入：Petri 网 (N, M_0)，记 $M_0 = [\![p_1, \cdots, p_n]\!]$。

输出：(N, M_0) 的元展 Π。

begin

$\Pi := \{\langle p_1, \varnothing\rangle, \cdots, \langle p_n, \varnothing\rangle\};$

$pe := \mathbb{E}(\Pi);$

while $pe \neq \varnothing$ **do**

　　从 pe 中任选一个可能扩展 $e = \langle t, X\rangle;$

　　if

　　　　$\exists C \in \mathcal{C}_X(\Pi), \forall C' \in \mathcal{C}(\Pi), \forall C'' \in \mathcal{C}_X(\Pi): C' \not\succeq C \preceq C'' \Rightarrow h[\![C']\!] \not\leqslant h[\![C'']\!]$

　　then

　　　　$\Pi := \Pi \cup \{e\} \cup \{\langle p, e\rangle | \forall p \in t^\bullet\};$

　　　　$ce := \text{CE}(\Pi, X);$

　　　　while $ce \neq \varnothing$ **do**

　　　　　　从 ce 中任选一个事件 $e' = \langle t', X'\rangle;$

  if

  $\forall C \in \mathcal{C}_{X'}(\Pi),\ \exists C' \in \mathcal{C}(\Pi),\ \exists C'' \in \mathcal{C}_{X'}(\Pi):\ C' \npreceq C \preceq C'' \wedge h[\![C']\!] \leqslant h[\![C'']\!]$

  then

   从 Π 中删除事件 e' 及其所有后继;

   删除后的分支进程仍然记为 Π;

  endif

  $ce := ce \setminus \{e'\}$;

 endwhile

 $pe := \mathbb{E}(\Pi)$;

else

 $pe := pe \setminus \{e\}$;

endif

endwhile

end

  当一个可能扩展添加到当前的分支进程中后,也并不是接着选择这个新的分支进程的一个可能扩展来考察其是否要添加进去,而是考察这个新的分支进程中是否存在一个(些)事件破坏了定义 4.10 的第一个要求;换句话说,当一个可能扩展被添加后,可能会使得已存在的某个事件(不妨设为 $e = \langle t, X \rangle$)不再满足下列要求(尽管这个可能扩展被添加前该事件满足下列要求):

$$\exists C \in \mathcal{C}_X(O),\ \forall C' \in \mathcal{C}(O),\ \forall C'' \in \mathcal{C}_X(O):\ C' \npreceq C \preceq C'' \Rightarrow h[\![C']\!] \nleqslant h[\![C'']\!]$$

因此,这样的事件就应当从当前分支进程中删除。

  此算法中需要求解切,在第 8 章中将给出一个利用无向图的极大团求解切的算法,在此先不作叙述。

  元展的有限性保证了算法 4.2 的运行能够终止。

  例 4.9 图 4.4 (a) 是图 4.1 中 Petri 网的一个分支进程,里面的每一个事件均满足定义 4.10 的第一个要求。$\langle t_2, \{c_6\} \rangle$ 是该分支进程的一个可能扩展,并且存在两个切 $\{c_6, c_7, c_8\}$ 与 $\{c_6, c_8, \langle p_7, \{\langle t_2, \{c_6\} \rangle\} \rangle\}$ 包含该可能扩展的输入条件集 $\{c_6\}$,即

$$\mathcal{C}_{\{c_6\}} = \{\{c_6,\ c_7,\ c_8\},\ \{c_6,\ c_8,\ \langle p_7,\ \{\langle t_2,\ \{c_6\} \rangle\} \rangle\}\}$$

对于 $\{c_6, c_7, c_8\}$ 来说,它的真前驱为 $\{c_1\}$、$\{c_2, c_3\}$、$\{c_2, c_5\}$、$\{c_3, c_4\}$ 以及 $\{c_4, c_5\}$,并且 $\mathcal{C}_{\{c_6\}}$ 中的两个切均为它的后继,显然,这些真前驱对应的标识均不能被这些后继对应的标识所覆盖;对于 $\{c_6, c_8, \langle p_7, \{\langle t_2, \{c_6\} \rangle\} \rangle\}$ 来说,它的真前驱为 $\{c_1\}$、$\{c_2, c_3\}$、$\{c_2, c_5\}$、$\{c_3, c_4\}$、$\{c_4, c_5\}$ 以及 $\{c_6, c_7, c_8\}$,并且 $\mathcal{C}_{\{c_6\}}$ 中是它的

后继的只有它自身，显然，这些真前驱对应的标识也均不能被这个后继对应的标识所覆盖；因此，该可能扩展不满足定义 4.10 中的第二个要求（即目前的分支进程还不是元展）；所以，它需要被添加到该分支进程中，而添加后产生的新的分支进程如图 4.4 (b) 所示。现在考察这个新的分支进程中原本就存在的事件 $\langle t_3, \{c_7\}\rangle$，下面展示它不再符合定义 4.10 的第一个要求：首先，有两个切包含 $\{c_7\}$，即

$$\mathcal{C}_{\{c_7\}} = \{\{c_6, \ c_7, \ c_8\}, \ \{c_7, \ c_8, \ c_{12}\}\}$$

对于 $\{c_6, \ c_7, \ c_8\}$ 来说，存在它的真前驱 $\{c_2, c_5\}$ 以及它出现在 $\mathcal{C}_{\{c_7\}}$ 里的后继 $\{c_7, c_8, c_{12}\}$ 使得

$$h[\![c_2, \ c_5]\!] = [\![p_2, \ p_6]\!] \leqslant [\![p_2, \ p_5, \ p_6]\!] = h[\![c_7, \ c_8, \ c_{12}]\!]$$

对于 $\{c_7, \ c_8, \ c_{12}\}$ 来说，存在它的真前驱 $\{c_2, c_5\}$ 与它出现在 $\mathcal{C}_{\{c_7\}}$ 里的后继 $\{c_7, c_8, c_{12}\}$ 使得

$$h[\![c_2, \ c_5]\!] = [\![p_2, \ p_6]\!] \leqslant [\![p_2, \ p_5, \ p_6]\!] = h[\![c_7, \ c_8, \ c_{12}]\!]$$

因此，事件 $\langle t_3, \{c_7\}\rangle$ 应当从这个分支进程中删除。

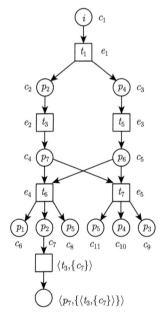 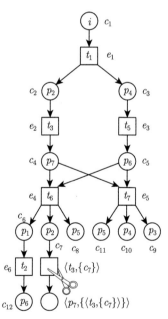

(a) 图4.1中所示Petri网的一个分支　　　(b) 将可能扩展$\langle t_2,\{c_6\}\rangle$添加到图4.4(a)
　　 进程，里面的每一个事件都　　　　　　 里的分支进程中后，事件$\langle t_3,\{c_7\}\rangle$
　　 满足定义4.10的第一个要求　　　　　　 不再满足定义4.10的第一个要求

图 4.4　元展求解过程中添加与删除事件

这里需要关注的一个问题是当一个可能扩展 $\langle t, X \rangle$ 被添加后，哪些事件应当被检查以确认是否应当被删除？显然，对事件 $\langle t', X' \rangle$ 来说，如果添加可能扩展 $\langle t, X \rangle$ 改变了 $\mathcal{C}_{X'}$，即使能 $\langle t', X' \rangle$ 的切增多了，则该事件就需要被检查，而没有发生这种变化的事件就不需要被检查；只有

$$X \cap X' = \varnothing \wedge \mathcal{C}_X(O) \cap \mathcal{C}_{X'}(O) \neq \varnothing$$

时，$\mathcal{C}_{X'}$ 才有可能被改变，这是因为：

(1) 如果 $X \cap X' \neq \varnothing$，则事件 $\langle t, X \rangle$ 与 $\langle t', X' \rangle$ 处于冲突关系中，则添加 $\langle t, X \rangle$ 后新增的条件库所与 X' 不能形成并发关系（即不能形成新的切）。

(2) 如果 $\mathcal{C}_X(O) \cap \mathcal{C}_{X'}(O) = \varnothing$，则 X 中的某个条件库所与 X' 中的某个条件库所必然处于冲突或因果关系，从而使得添加 $\langle t, X \rangle$ 后新增的条件库所与 X' 中的那个条件库所依然保持冲突或因果关系，因此新增的条件库所与 X' 也不能形成新的切。

图 4.5 展示了增加新的并且使能 $\langle t', X' \rangle$ 的切的情况。在算法 4.2 中，使用 $\mathrm{CE}(O, X)$ 表示添加可能扩展 $\langle t, X \rangle$ 后待检查的事件集：

$$\mathrm{CE}(O, X) = \{\langle t', X' \rangle | X \cap X' = \varnothing \wedge \mathcal{C}_X(O) \cap \mathcal{C}_{X'}(O) \neq \varnothing\}$$

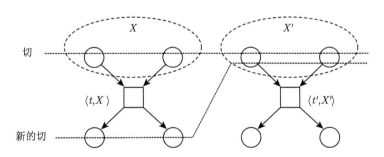

图 4.5 展示 $\mathrm{CE}(O, X)$ 的情况

另外请注意，虽然目前无法证明元展的规模是否一定不大于 Esparza 等给出的算法所生成的有限完整前缀，但很多例子显示是不会大于它们的。如图 4.6 所示，图 4.6(a) 是图 2.1 中 Petri 网的元展，而图 4.6(b) 是依据 Esparza 等 [104] 给出的算法所生成的有限完整前缀。显然，他们的算法此处对循环继续展开了一层。而这一层是没有必要的，因为元展已经能够表示出所有的行为了。

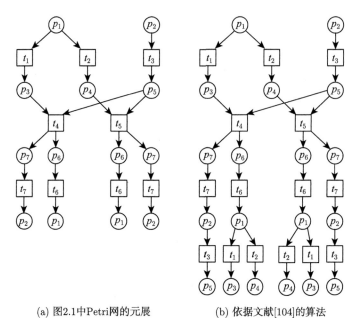

(a) 图2.1中Petri网的元展   (b) 依据文献[104]的算法
                                           生成的有限完整前缀

图 4.6   元展与有限前缀的对比

第5章　基于元展的工作流系统健壮性检测

本章首先给出工作流网元展的一些特性, 分别考虑无界工作流网与有界工作流网; 在这些特性的基础上, 给出利用元展判定健壮性的充分必要条件, 并证明之; 最后给出一个应用实例。

5.1　工作流网元展的特性

分别给出无界工作流网与有界工作流网的元展的一个特性。

5.1.1　无界工作流网元展的特性

引理 5.1　如果工作流网 $(N, M_0) = (P, T, F, M_0 = \llbracket i \rrbracket)$ 是无界的, 则必存在有限的可发生序列

$$M_0[t_0\rangle M_1[t_1\rangle \cdots M_{k-1}[t_{k-1}\rangle M_k$$

满足:

(1) $\exists j \in \mathbb{N}_{k-1}: M_j \lneqq M_k$。

(2) $\forall m, n \in \mathbb{N}_{k-1}: m < n \Rightarrow M_m \nleqq M_n$。

证明: 由于 (N, M_0) 是无界的并且库所集 P 是有限的, 所以, 必然存在两个可达标识 $M \in R(N, M_0)$ 与 $M' \in R(N, M)$ 满足:

$$M \lneqq M'$$

不失一般性, 令有限的发生序列

$$M_0[t_0\rangle M_1[t_1\rangle \cdots M_j[t_j\rangle \cdots M_{k-1}[t_{k-1}\rangle M_k$$

满足

$$M_j \lneqq M_k$$

如果在该序列中存在 $m, n \in \mathbb{N}_{k-1}$ 使得

$$m < n \wedge M_m \lneqq M_n$$

则不需再考虑前面的这个序列而只需考虑序列

$$M_0[t_0\rangle M_1[t_1\rangle \cdots M_m[t_m\rangle \cdots M_{n-1}[t_{n-1}\rangle M_n$$

换句话说，对于无界 Petri 网 (N, M_0)，总存在一个有限发生序列

$$M_0[t_0\rangle M_1[t_1\rangle \cdots M_j[t_j\rangle \cdots M_{k-1}[t_{k-1}\rangle M_k$$

满足：

(1) $\exists j \in \mathbb{N}_{k-1}: M_j \lneqq M_k$。

(2) $\forall m, n \in \mathbb{N}_{k-1}: m < n \Rightarrow \neg(M_m \lneqq M_n)$。

现在，只需考虑上述序列中是否存在两个相等的标识即可。

如果 $\forall m, n \in \mathbb{N}_{k-1}$ 使得

$$m < n \Rightarrow M_m \neq M_n$$

则结论得证。

如果 $\exists m, n \in \mathbb{N}_{k-1}$ 使得

$$m < n \wedge M_m = M_n$$

则从下面三种情况来考虑 M_m 与 M_n 在序列中的位置并对该序列做相应的剪裁。

情况 1：M_m 与 M_n 均出现在 M_j 的前面，即

$$M_0[\sigma_1\rangle M_m[\sigma_2\rangle M_n[\sigma_3\rangle M_j[\sigma_4\rangle M_k$$

由于 $M_m = M_n$，所以，将 σ_2 删除后，序列

$$M_0[\sigma_1\rangle M_m[\sigma_3\rangle M_j[\sigma_4\rangle M_k$$

仍然是可发生的，并且该序列的长度比删除前变短了。

情况 2：M_m 与 M_n 均出现在 M_j 的后面，即

$$M_0[\sigma_1\rangle M_j[\sigma_2\rangle M_m[\sigma_3\rangle M_n[\sigma_4\rangle M_k$$

同样，由于 $M_m = M_n$，所以，将 σ_3 删除后，序列

$$M_0[\sigma_1\rangle M_j[\sigma_2\rangle M_m[\sigma_4\rangle M_k$$

仍然是可发生的，并且该序列的长度也比删除前变短了。

情况 3：M_m 出现在 M_j 之前而 M_n 出现在 M_j 之后，即

$$M_0[\sigma_1\rangle M_m[\sigma_2\rangle M_j[\sigma_3\rangle M_n[\sigma_4\rangle M_k$$

同样，由于 $M_m = M_n$，所以，将 $\sigma_2\sigma_3$ 删除后，序列

$$M_0[\sigma_1\rangle M_m[\sigma_4\rangle M_k$$

仍然是可发生的。因为

$$M_k \geqslant M_j \wedge M_j[\sigma_3\rangle$$

所以,

$$M_k[\sigma_3\rangle$$

不妨设

$$M_k[\sigma_3\rangle M_k'$$

因为

$$M_j[\sigma_3\rangle M_n$$

所以,

$$M_k' = M_n + M_k - M_j$$

因为

$$M_k \gneqq M_j$$

所以,

$$M_k' \gneqq M_n = M_m$$

这样就可以得到可发生的序列

$$M_0[\sigma_1\rangle M_m[\sigma_4\rangle M_k[\sigma_3\rangle M_k'$$

且该序列比剪裁前变得更短并仍然满足:

$$M_k' \gneqq M_m$$

综合上述三种情况,如果得到的序列满足了要求,则结论得证,如果仍不满足,可继续实施相应剪裁。由于序列长度是有限的,而每次剪裁后序列变短了,所以,最终必能得到满足要求的可发生序列。   证毕

上述引理说明,对于无界工作流网(同样适合于无界 Petri 网),存在一个可发生的变迁序列产生的可达标识真覆盖了前面路径上产生的某个可达标识,当然,还可以极小化这样一个可发生序列。

基于上述结论,可以推导出:在一个无界 Petri 网的元展中,必然存在一个切以及它的一个真前驱满足:这个切对应的标识真覆盖了这个前驱对应的标识。

推论 5.1 已知一个无界工作流网 $(N, M_0 = [\![i]\!])$ 以及它的元展 (O, h),则必存在切 $C \in \mathcal{C}(O)$ 与 $C' \in \mathcal{C}(O)$ 满足:

$$C' \precneqq C \wedge h[\![C']\!] \lneqq h[\![C]\!]$$

证明：依据引理 5.1 可知，存在 (N, M_0) 的一个有限的可发生序列

$$M_0[t_0\rangle M_1[t_1\rangle \cdots M_{k-1}[t_{k-1}\rangle M_k$$

满足：

(1) $\exists j \in \mathbb{N}_{k-1}: M_j \lneqq M_k$。

(2) $\forall m, n \in \mathbb{N}_{k-1}: m < n \Rightarrow M_m \nleqq M_n$。

不失一般性，假设该序列是极小的，即该序列的任何真前缀都不满足上述两点要求。首先，构造一个分支进程恰好对应上述序列，即在此分支进程中恰好包含 k 个事件

$$e_0、e_1、\cdots、e_{k-1}$$

并且它们恰好对应上述序列的 k 个变迁。换句话说，该分支进程的发生序列

$$C_0[e_0\rangle C_1[e_1\rangle \cdots C_{k-1}[e_{k-1}\rangle C_k$$

恰好满足：

$$(\forall j \in \mathbb{N}_k : h[\![C_j]\!] = M_j) \wedge (\forall j \in \mathbb{N}_{k-1} : h[\![e_j]\!] = t_j)$$

然后，基于该分支进程可以生成元展。如果这 k 个事件仍然保持在元展中，则所证结论成立，这是因为

$$\exists j \in \mathbb{N}_{k-1} : C_j \lneqq C_k \wedge h[\![C_j]\!] = M_j \lneqq M_k = h[\![C_k]\!]$$

下面考虑该分支进程的事件 $e_m \in \{e_1, \cdots, e_{k-1}\}$（及其所有后继 $e_{m+1}、\cdots、e_{k-1}$）在元展中被剪掉了的情况。为叙述方便，记 $e_m = \langle t_m, X_m \rangle$。

由于 e_m 不在元展中，所以它是元展的一个可能扩展。所以，由元展的定义可知：

$$\forall C \in \mathcal{C}_{X_m}(O), \exists C' \in \mathcal{C}(O), \exists C'' \in \mathcal{C}_{X_m}(O) : C' \lneqq C \preceq C'' \wedge h[\![C']\!] \leqslant h[\![C'']\!]$$

因此，对 C_m 来说，由于 $C_m \in \mathcal{C}_{X_m}(O)$，所以在元展中也应当存在 $C' \in \mathcal{C}(O)$ 以及 $C'' \in \mathcal{C}_{X_m}(O)$ 满足：

$$C' \lneqq C_m \preceq C'' \wedge h[\![C']\!] \leqslant h[\![C'']\!]$$

分两种情况来考虑 C' 以及 C''。

情况 1：如果 $h[\![C']\!] \neq h[\![C'']\!]$，则所证结论成立。

情况 2：如果 $h[\![C']\!] = h[\![C'']\!]$，则意味着通过构造

$$\{e_0, e_1, \cdots, e_{m-1}\}$$

的一个真子集而产生 C' 后，一个与 e_m 具有相同标号 t_m 的事件在元展中被构造了，这就意味着一个比

$$M_0[t_0\rangle M_1[t_1\rangle \cdots M_{k-1}[t_{k-1}\rangle M_k$$

更短的可发生序列是存在的，同时仍然满足相关的那两点要求，这与其极小性相矛盾。所以，这种情况不存在，即只有第一种情况存在。

所以，结论成立。　　　　　　　　　　　　　　　　　　　　　　**证毕**

例 5.1　图 4.3(a) 所示的元展中: $\{c_2, c_5\} \gneqq \{c_7, c_8, c_{12}\} \wedge h[\![c_2, c_5]\!] \lneqq h[\![c_7, c_8, c_{12}]\!]$。

注解 5.1　　事实上，上述结论不仅对无界工作流网成立，而且对一般的无界 Petri 网也是成立的。

5.1.2　有界工作流网元展的特性

引理 5.2　　已知有界工作流网 $(N, M_0) = (P, T, F, M_0 = [\![i]\!])$。如果

$$\exists M \in R(N, M_0), \forall M' \in R(N, M): M' \neq [\![o]\!]$$

则必存在一个有限的可发生序列

$$M_0[t_0\rangle M_1[t_1\rangle \cdots M_{k-1}[t_{k-1}\rangle M_k$$

满足:

(1) $\forall M' \in R(N, M_k): M' \neq [\![o]\!]$。

(2) $\forall m, n \in \mathbb{N}_k: m \neq n \Rightarrow M_m \neq M_n$。

(3) $\forall j \in \mathbb{N}_{k-1}, \forall M' \in R(N, M_k): M_j \neq M'$。

证明: 令

$$M_0[t_0\rangle M_1[t_1\rangle \cdots M_{k-1}[t_{k-1}\rangle M_k$$

是任意一个有限的可发生序列且满足:

$$\forall M' \in R(N, M_k): M' \neq [\![o]\!]$$

从该序列开始来构造一个有限的可发生序列且满足结论中的后两点要求。

由于 (N, M_0) 是有界的，所以 $\forall m, n \in \mathbb{N}_k$ 总有

$$m < n \Rightarrow \neg(M_m \lneqq M_n)$$

如果 $\exists m, n \in \mathbb{N}_k$ 使得

$$m \neq n \wedge M_m = M_n$$

则利用引理 5.1 中的剪裁方法，总可以最终得到一个序列使得

$$\forall m, n \in \mathbb{N}_k : m \neq n \Rightarrow M_m \neq M_n$$

因此，不失一般性，假设可发生序列

$$M_0[t_0\rangle M_1[t_1\rangle \cdots M_{k-1}[t_{k-1}\rangle M_k$$

满足了结论中的前两点。下面，在此序列上考虑第三点。如果

$$\exists j \in \mathbb{N}_{k-1}, \exists M' \in R(N, M_k) : M_j = M'$$

则 M_j 也不能到达终止标识 $[\![o]\!]$（因为 M' 不能到达 $[\![o]\!]$）。现在只需考虑有限的可发生序列

$$M_0[t_0\rangle M_1[t_1\rangle \cdots M_{j-1}[t_{j-1}\rangle M_j$$

并且此序列较原来要考虑的序列变短了，而且它仍然满足结论中的前两点要求。同样，如果对此序列来说，仍然满足

$$\exists j' \in \mathbb{N}_{j-1}, \exists M' \in R(N, M_j) : M_{j'} = M'$$

则可以继续上述操作。由于序列长度是有限的，并且 $M_0 = [\![i]\!]$ 不会重复出现在它的可达标识中，所以，最终可以找到可发生序列

$$M_0[t_0\rangle M_1[t_1\rangle \cdots M_{k-1}[t_{k-1}\rangle M_k$$

的一个前缀满足结论中的三个要求。　　　　　　　　　　　　　　　　　**证毕**

引理 5.2 表述的是：当一个有界的工作流网由死锁或活锁导致其不健壮时，即

$$\exists M \in R(N, M_0), \forall M' \in R(N, M) : M' \neq [\![o]\!]$$

则此工作流网中存在一个有限可发生序列使其进入死锁或活锁状态，并且这个序列符合引理中的三个结论。第一个结论是说从该序列开始永远不能到达终止状态，第二个结论是说这个序列中的任意两个状态都互不相等，第三个结论是说这个序列中出现的每一个状态（除去该序列中的最后一个状态）都不会再次出现在从该序列开始的任何后继中。基于这一结论，可以证明：对这样的工作流网，在其元展中存在一个切，该切既不能到达目标切，也不能被两个相等的切所见证。

推论 5.2　已知有界工作流网 $(N, M_0 = [\![i]\!])$ 满足：

$$\exists M \in R(N, M_0), \forall M' \in R(N, M) : M' \neq [\![o]\!]$$

则它的元展 (O, h) 中必存在一个切 C 满足:

(1) $\forall C' \in \mathcal{C}(O): C \preceq C' \Rightarrow h(C') \neq \llbracket o \rrbracket$。

(2) $\forall C', C'' \in \mathcal{C}(O): C' \precneqq C \preceq C'' \Rightarrow h\llbracket C' \rrbracket \neq h\llbracket C'' \rrbracket$。

证明: 依据引理 5.2 可知, 在 (N, M_0) 中, 存在一个有限可发生序列

$$M_0[t_0\rangle M_1[t_1\rangle \cdots M_{k-1}[t_{k-1}\rangle M_k$$

满足:

(1) $\forall M' \in R(N, M_k): M' \neq \llbracket o \rrbracket$。

(2) $\forall m, n \in \mathbb{N}_k: M_m \neq M_n$。

(3) $\forall j \in \mathbb{N}_{k-1}, \forall M' \in R(N, M_k): M_j \neq M'$。

如果 $M_k = M_0 = \llbracket i \rrbracket$, 即初始标识到终止标识永不可达, 则结论显然成立。下面考察 $M_k \neq M_0$ 的情况。

依据算法 4.2, 可以由上述序列构造一个对应的分支进程, 并基于此分支进程可以产生元展。不妨设:

$$(\forall l \in \mathbb{N}_k : h\llbracket C_l \rrbracket = M_l) \wedge (\forall l \in \mathbb{N}_{k-1} : h\llbracket e_l \rrbracket = t_l)$$

如果 e_{k-1}(从而 C_k)仍然保留在元展中, 则结论显然成立。下面用反证法证明 e_{k-1} 的确不会被剪掉。假设 e_{k-1} 在生成元展的过程中被剪掉。为便于叙述, 记

$$e_{k-1} = \langle t_{k-1}, X_{k-1} \rangle$$

不妨设是由事件 $e' = \langle t', X' \rangle$ 的添加导致 e_{k-1} 被剪掉。这意味着, 当 e' 加入后, 存在 C_{k-1} 的一个真前驱(不妨设为 C', 它是在 e' 加入前就应当存在而不是新产生的)与后继(不妨设为 C'', 它是在 e' 加入后新产生的)使得

$$C' \precneqq C_{k-1} \preceq C'' \wedge h\llbracket C' \rrbracket = h\llbracket C'' \rrbracket \wedge X_{k-1} \subseteq C_{k-1} \wedge X' \subseteq C_{k-1} \wedge X_{k-1} \cap X' = \varnothing$$

这就意味着 t_{k-1} 与 t' 在 M_{k-1} 处是并发的。因此, 在 M_{k-1} 处发生了 t_{k-1} 后, t' 仍然可以发生, 并且发生 t' 后产生的标识(对应于 C'')就等于

$$M_0、M_1、\cdots、M_{k-1}$$

中的某一个标识(即对应于 C' 的那个)。这与前面已知序列

$$M_0[t_0\rangle M_1[t_1\rangle \cdots M_{k-1}[t_{k-1}\rangle M_k$$

所满足的第三点相矛盾。因此 e_{k-1} 不会被剪掉。   **证毕**

从推论 5.2 的证明可以看出, 引理 5.2 所描述的有限可发生序列在元展中被全部保留。实际上, 该结论考虑的就是有界工作流网死锁与活锁的情况, 下面的例子能够更好地帮助理解。

例 5.2   图 5.1 (a) 是一个工作流网, 变迁序列 t_1t_4 使系统进入终止状态, 变迁序列 t_1t_2 使系统进入死锁状态, 而变迁序列 t_1t_3 使系统进入活锁状态 (即此后只有变迁 t_5 可以发生, 并且可以无限次的发生, 但系统就是不能进入终止状态). 图 5.1 (b) 展示了该系统的元展. 对于使系统进入死锁的变迁序列 t_1t_2 来说, 图 5.1 (b) 中的切 $\{c_4\}$ 为推论 5.2 所描述的切, 而对于使系统进入活锁的变迁序列 t_1t_3 来说, 图 5.1 (b) 中的切 $\{c_2, c_5\}$ 为推论 5.2 所描述的切.

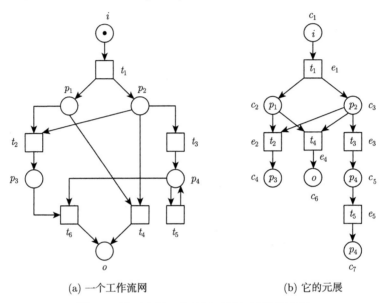

(a) 一个工作流网   (b) 它的元展

图 5.1   展示有界工作流网死锁与活锁的情况

5.2   基于元展的健壮性判定

本节先给出基于元展判定工作流网健壮性的充分必要条件, 然后利用 5.1 节中给出的特性分别对判定的充分性与必要性进行证明.

5.2.1   充分必要条件

定理 5.1   令 $N = (P, T, F)$ 是一个工作流网, $[\![i]\!]$ 与 $[\![o]\!]$ 是其初始标识与终止标识, $(O, h) = (S, E, G, h)$ 是其元展. N 是健壮的当且仅当 (O, h) 满足:

(1) $\forall t \in T, \exists e \in E : h(e) = t$.

(2) $\forall C, C' \in \mathcal{C}(O) : C \precneqq C' \Rightarrow \neg(h[\![C]\!] \precneqq h[\![C']\!])$.

(3) $\forall C \in \mathcal{C}(O)$:

① $\exists C' \in \mathcal{C}(O) : C \preceq C' \wedge h[\![C']\!] = [\![o]\!]$ 或者

② $\exists C', C'' \in \mathcal{C}(O): C' \precneqq C \preceq C'' \wedge h[\![C']\!] = h[\![C'']\!]$。

第 1 点说明每个变迁在元展中都有相应的事件出现；第 2 点意味着没有一个切（所对应的标识）能真覆盖另一个切（所对应的状态），否则就是无界网；第 3 点是说每个切要么直接能到达终止切，要么被两个相等的切所见证，由于任意性，所以意味着每个切（所对应的标识）都能回到到达终止切的主干上，即都能到达终止切。

例 5.3 图 4.3 (a) 是图 4.1 中工作流网的元展，通过该元展可以看到：没有事件对应变迁 t_8，因此不满足定理 5.1 中的第 1 点；

$\{c_2, c_5\}$ 与 $\{c_3, c_4\}$ 分别是 $\{c_7, c_8, c_{12}\}$ 与 $\{c_{10}, c_{11}, c_{13}\}$ 的真前驱，然而，

$$h[\![c_2, c_5]\!] \precneqq h[\![c_7, c_8, c_{12}]\!] \wedge h[\![c_3, c_4]\!] \precneqq h[\![c_{10}, c_{11}, c_{13}]\!]$$

不满足定理 5.1 中的第 2 点；

不满足第 3 点的切很多，如 $\{c_2, c_3\}$。

以上每种情况都说明该工作流网不健壮。

例 5.4 图 5.1 (b) 是图 5.1 (a) 中工作流网的元展，通过该元展可以看到：没有事件对应变迁 t_6，因此不满足定理 5.1 中的第 1 点；切 $\{c_2, c_5\}$ 与 $\{c_4\}$ 均不满足第 3 点。以上每种情况都说明该工作流网也不健壮。

例 5.5 图 5.2 (b) 是图 5.2 (a) 中工作流网的元展，通过该元展可以看到：每个变迁在其中都有对应的事件，所以满足第 1 点；不存在一个切真覆盖另一个切，所以满足第 2 点；除去切 $\{c_4, c_7\}$ 外，其他每一个切都能到达终止切，而观察

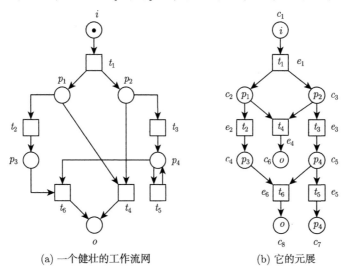

(a) 一个健壮的工作流网   (b) 它的元展

图 5.2 健壮的工作流网及其元展

切 $\{c_4, c_7\}$ 可知，存在它的一个真前驱 $\{c_4, c_5\}$ 与后继 $\{c_4, c_7\}$ 使得这两个切对应的标识相等，所以满足第 3 点。所以，该工作流网是健壮的。

元展可以看作一种压缩的可达图，而健壮性是基于可达性定义的。因此，定理 5.1 可以看作对健壮性的另一种定义方式。对有界工作流网来说，健壮性的判定是 PSPACE 完全的，这就意味着存在一个多项式空间的算法去判定它[156-158]；然而，PSPACE 完全性也意味着这个算法会花费大量的时间（在多项式空间内重复检测）。另外，众所周知，基于可达图的判定方法的最大不利之处是状态爆炸[28]。因此，基于元展的判定可以看作多项式空间算法与可达图方法间的一个折中。

给定元展与可达图后，分别利用它们去判定健壮性时，利用元展通常会花费更多的时间，其根源在于在元展中判定一个状态到另外一个状态是否可达并不像可达图那样直接。另外请注意，元展也未必总是比可达图节约存储空间，只有系统里存在很多并发变迁时，元展会比可达图使用更少的存储空间。

在证明定理 5.1 之前，先看几种特殊情况。显然，将定理 5.1 中的第 1 点去掉，就成为判定工作流网弱健壮性的充分必要条件。如果已知工作流网是有界的，则定理 5.1 中的第 2 点可以去掉，而已知网是有界的，如果判定弱健壮性，则第 1、2 两点均可去掉。

推论 5.3　令 $N = (P, T, F)$ 是一个工作流网，$[\![i]\!]$ 与 $[\![o]\!]$ 是其初始标识与终止标识，$(O, h) = (S, E, G, h)$ 是其元展。N 是弱健壮的当且仅当 (O, h) 满足：

(1) $\forall C, C' \in \mathcal{C}(O) : C \npreceq C' \Rightarrow \neg(h[\![C]\!] \lneq h[\![C']\!])$。

(2) $\forall C \in \mathcal{C}(O)$：

① $\exists C' \in \mathcal{C}(O) : C \preceq C' \wedge h[\![C']\!] = [\![o]\!]$ 或者

② $\exists C', C'' \in \mathcal{C}(O) : C' \npreceq C \preceq C'' \wedge h[\![C']\!] = h[\![C'']\!]$。

推论 5.4　令 $N = (P, T, F)$ 是一个有界的工作流网，$[\![i]\!]$ 与 $[\![o]\!]$ 是其初始标识与终止标识，$(O, h) = (S, E, G, h)$ 是其元展。N 是健壮的当且仅当 (O, h) 满足：

(1) $\forall t \in T, \exists e \in E : h(e) = t$。

(2) $\forall C \in \mathcal{C}(O)$：

① $\exists C' \in \mathcal{C}(O) : C \preceq C' \wedge h[\![C']\!] = [\![o]\!]$ 或者

② $\exists C', C'' \in \mathcal{C}(O) : C' \npreceq C \preceq C'' \wedge h[\![C']\!] = h[\![C'']\!]$。

推论 5.5　令 $N = (P, T, F)$ 是一个有界的工作流网，$[\![i]\!]$ 与 $[\![o]\!]$ 是其初始标识与终止标识，$(O, h) = (S, E, G, h)$ 是其元展。N 是弱健壮的当且仅当 (O, h) 对任意的切 $C \in \mathcal{C}(O)$ 总有

(1) $\exists C' \in \mathcal{C}(O) : C \preceq C' \wedge h[\![C']\!] = [\![o]\!]$ 或者

(2) $\exists C', C'' \in \mathcal{C}(O) : C' \npreceq C \preceq C'' \wedge h[\![C']\!] = h[\![C'']\!]$。

5.2.2 充分性证明

引理 5.3 令 $N = (P, T, F)$ 是一个工作流网，$[\![i]\!]$ 与 $[\![o]\!]$ 是其初始标识与终止标识，$(O, h) = (S, E, G, h)$ 是其元展。如果 (O, h) 满足:

(1) $\forall t \in T, \exists e \in E : h(e) = t$。

(2) $\forall C, C' \in \mathcal{C}(O) : C \npreceq C' \Rightarrow \neg(h[\![C]\!] \lneq h[\![C']\!])$。

(3) $\forall C \in \mathcal{C}(O)$:

① $\exists C' \in \mathcal{C}(O) : C \preceq C' \wedge h[\![C']\!] = [\![o]\!]$ 或者

② $\exists C', C'' \in \mathcal{C}(O) : C' \npreceq C \preceq C'' \wedge h[\![C']\!] = h[\![C'']\!]$。

则 N 是健壮的。

证明: 首先，对于一个健壮的工作流网来说，总有

$$\forall M \in R(N, [\![i]\!]), \forall M' \in R(N, M) : M \leqslant M' \Rightarrow M = M'$$

否则，该工作流网就是无界的，这与健壮的工作流网是有界的[85]事实相矛盾。接下来用反证法证明这一结论。假设满足结论中三个条件的工作流网不是健壮的，则依据健壮性的定义可知，下列三种情况必有一个出现。

情况 1: $\exists t \in T, \forall M \in R(N, [\![i]\!]) : \neg M[t\rangle$，即 N 中有一个变迁是永远不使能的。然而，依据第 1 个条件可知，对 N 中的任意一个变迁 t 来说，在元展中存在着序列

$$C_0[e_0\rangle C_1[e_1\rangle \cdots C_k[e_k\rangle C_{k+1}$$

使得

$$h[\![C_0]\!] = [\![i]\!] \wedge h(e_k) = t$$

因此，依据定理 4.1 可知，在 $(N, [\![i]\!])$ 中存在一个包含 t 的可发生序列。因此，这种情况不会出现。

情况 2: $\exists M \in R(N, [\![i]\!]), \exists M' \in R(N, M) : M \lneq M'$。换句话说，$(N, [\![i]\!])$ 是无界的。依据无界工作流网元展的特性（即推论 5.1）可知，元展中就存在两个切 C 与 C' 满足

$$C \npreceq C' \wedge h[\![C]\!] \lneq h[\![C']\!]$$

这与第 2 个条件相矛盾。因此，这种情况也不会出现。

情况 3: $\exists M \in R(N, [\![i]\!]), \forall M' \in R(N, M) : M' \neq [\![o]\!]$，这是由活锁或死锁导致的情况。另外，根据前面第 2 种情况不能出现的事实，可以假设 (N, M_0) 是有界的。因此，依据有界工作流网元展的特性（即推论 5.2）可知：如果这种情况发生，则元展中必存在切 C 满足:

(1) $\forall C' \in \mathcal{C}(O) : C \preceq C' \Rightarrow h(C') \neq [\![o]\!]$。

(2) $\forall C', C'' \in \mathcal{C}(O) : C' \npreceq C \preceq C'' \Rightarrow h[\![C']\!] \neq h[\![C'']\!]$。

这与第 3 个条件相矛盾，因此，这种情况也不会出现。

综上所述，结论成立。   证毕

5.2.3　必要性证明

引理 5.4　令 $N = (P, T, F)$ 是一个工作流网，$[\![i]\!]$ 与 $[\![o]\!]$ 是其初始标识与终止标识，$(O, h) = (S, E, G, h)$ 是其元展。如果 N 是健壮的，则 (O, h) 满足：

(1) $\forall t \in T, \exists e \in E : h(e) = t$。

(2) $\forall C, C' \in \mathcal{C}(O) : C \npreceq C' \Rightarrow \neg(h[\![C]\!] \npreceq h[\![C']\!])$。

(3) $\forall C \in \mathcal{C}(O)$：

① $\exists C' \in \mathcal{C}(O) : C \preceq C' \wedge h[\![C']\!] = [\![o]\!]$ 或者

② $\exists C', C'' \in \mathcal{C}(O) : C' \npreceq C \preceq C'' \wedge h[\![C']\!] = h[\![C'']\!]$。

证明： 第 1 个结论。

由于 $(N, [\![i]\!])$ 是健壮的，因此是有界的 [85]。因此，对于每一个变迁 $t \in T$，都存在一个有限的可发生序列

$$[\![i]\!] = M_0[t_0\rangle M_1[t_1\rangle \cdots M_{k-1}[t_{k-1}\rangle M_k$$

使得

(1) $M_k[t\rangle$。

(2) $t \notin \{t_0, t_1, \cdots, t_{k-1}\}$。

(3) $\forall m, n \in \mathbb{N}_k: m < n \Rightarrow M_m \npreceq M_n$。

不失一般性，令上述序列是极小的，即变迁集合

$$\{t_0, t_1, \cdots, t_{k-1}\}$$

的任一真子集，都不能构成一个满足上述三点的可发生序列。

依据引理 5.1 与推论 5.1 的证明可知，在元展中存在一个序列

$$C_0[e_0\rangle C_1[e_1\rangle \cdots C_{k-1}[e_{k-1}\rangle C_k$$

对应上述极小的可发生序列。

如果 $\langle t, X \rangle$ 出现在元展中，则结论成立，这里

$$h(X) = {}^\bullet t \wedge X \subseteq C_k$$

如果 $\langle t, X \rangle$ 不在元展中，即它是元展的一个可能扩展，则依据元展定义（见定义 4.11）中的第 2 点要求可知：

$$\forall C \in \mathcal{C}_X(O), \exists C' \in \mathcal{C}(O), \exists C'' \in \mathcal{C}_X(O) : C' \npreceq C \preceq C'' \wedge h[\![C']\!] = h[\![C'']\!]$$

由于 $C_k \in \mathcal{C}_X(O)$，所以存在 $C' \in \mathcal{C}(O)$ 以及 $C'' \in \mathcal{C}_X(O)$ 满足：

$$C' \not\succeq C_k \preceq C'' \wedge h[\![C']\!] = h[\![C'']\!]$$

由于属于 $\mathcal{C}_X(O)$ 且作为 C_k 的后继的任何切 C''，即

$$C_k \preceq C'' \wedge C'' \in \mathcal{C}_X(O)$$

都是由增加一个满足下面条件的可能扩展 $\langle t', X' \rangle$ 而产生的：

$$X \cap X' = \varnothing \wedge X' \subset C_k$$

所以，$\langle t, X \rangle$ 在 C'' 处仍然是使能的。

又因为

$$h[\![C']\!] = h[\![C'']\!]$$

所以必存在另一个可能扩展 $\langle t, X'' \rangle$ 使得

$$X'' \subset C'$$

因此，存在变迁集

$$\{t_0, t_1, \cdots, t_{k-1}\}$$

的一个真子集满足：该真子集能够形成一个可发生序列并且产生标识 $h[\![C']\!]$，同时，变迁 t 在该标识下是使能的。这与前面序列的极小性相矛盾。所以，$\langle t, X \rangle$ 必在元展中。所以，第 1 个结论成立。

第 2 个结论。

如果该结论不成立，即存在两个切 $C \in \mathcal{C}(O)$ 以及 $C' \in \mathcal{C}(O)$ 满足：

$$C \not\succeq C' \wedge h[\![C]\!] \not\succeq h[\![C']\!]$$

则依据定理 4.1 可知，$(N, [\![i]\!])$ 就有两个可达标识 $M = h[\![C]\!]$ 以及 $M' = h[\![C']\!]$ 使得后者是从前者可达的并且后者真覆盖了前者。这就意味着 $(N, [\![i]\!])$ 是无界的，这与健壮的工作流网是有界的事实相矛盾。所以，第 2 个结论成立。

第 3 个结论。

假设结论不成立，即存在 $C \in \mathcal{C}(O)$ 使得

(1) $\forall C' \in \mathcal{C}(O): C \preceq C' \Rightarrow h(C') \neq [\![o]\!]$。

(2) $\forall C', C'' \in \mathcal{C}(O): C' \not\succeq C \preceq C'' \Rightarrow h[\![C']\!] \neq h[\![C'']\!]$。

由于 N 是健壮的，所以存在有限可发生序列使得从标识 $h[\![C]\!]$ 到 $[\![o]\!]$ 是可达的。根据任一从 $h[\![C]\!]$ 到 $[\![o]\!]$ 的可发生序列，容易构造这样的一个可发生序列

$$h[\![C]\!][t_0\rangle M_1[t_1\rangle \cdots M_l[t_l\rangle [\![o]\!]$$

使得 $h[\![C]\!]$、M_1、$\cdots$、M_l 互不相等。在 $(N, [\![i]\!])$ 的展开中，存在着事件与切

$$e_0、C_1、e_1、\cdots、e_l、C_l、C_{l+1}$$

分别对应变迁与标识

$$t_0、M_1、t_1、\cdots、t_l、M_l、[\![o]\!]$$

并且，这些切均为 C 的后继。然而，依据前面假设的第 1 点可知，事件集

$$\{e_0, e_1, \cdots, e_l\}$$

中的一些事件被剪掉了，从而没有出现在元展中。不失一般性，令

$$e_j \in \{e_0, e_1, \cdots, e_l\}$$

被剪掉了，即它不在元展中，但它是元展的一个可能扩展。因此，依据元展的定义可知，存在 C_j 的一个真前驱 C' 以及它的一个后继 C'' 满足：

$$h[\![C']\!] = h[\![C'']\!]$$

又因为

$$h[\![C]\!]、M_1、\cdots、M_l$$

互不相等，所以，C' 一定是 C 的真前驱。这就意味着，存在 C 的一个真前驱 C' 以及它的一个后继 C'' 满足：

$$h[\![C']\!] = h[\![C'']\!]$$

这与前面假设的第 2 点相矛盾。所以，假设不成立，即第 3 个结论成立。

综上所述，结论成立。　　　　　　　　　　　　　　　　　　　　　　**证毕**

5.3　应用实例：电梯调度系统

5.3.1　电梯调度系统描述

一个电视广播塔中有两部电梯，可将乘客从地面运送到顶端的观光台观光，或载乘客从观光台返回地面。这两部电梯受一个控制系统控制，控制过程描述如下。

(1) 当观光台上的乘客请求电梯将他们送到地面时：如果左边的电梯正停在观光台而右边的不在时，则调度左边电梯运载；如果右边的电梯正停在观光台而左边的不在时，则调度右边电梯运载；如果两个电梯均停在观光台，则系统自由选择任一台运载；如果两台均在地面，则调度左边的上来完成运载任务。

(2) 当地面上的乘客请求电梯将他们送往观光台时：如果左边的电梯正停在地面而右边的不在时，则调度左边电梯运载；如果右边的电梯正停在地面而左边的不在时，则调度右边电梯运载；如果两个电梯均停在地面，则系统自由选择任一台运载；如果两台均在观光台，则调度右边的下来完成运载任务。

为使模型尽量简单，开门、关门等事件不再模拟，同时，其他一些调度情况也没有模拟，例如，有下去的请求，但这时左边的电梯正在工作，而右边的电梯正停在地面，这种情况请求就处于等待状态。

5.3.2 电梯调度系统的工作流网模型

图 5.3 模拟了该电梯调度系统。库所 p_3 或 p_9 有一个托肯时，分别代表请求下或请求上；库所 p_{13} 或 p_{14} 有一个托肯时，分别代表左边电梯停在观光台或地面，库所 p_{15} 或 p_{16} 有一个托肯时，分别代表右边电梯停在观光台或地面；变迁 t_3 能够发生时，说明有下的请求并且左边电梯正停在观光台；变迁 t_5 能够发生时，说明有下的请求并且右边电梯正停在观光台；变迁 t_7 能够发生时，说明有下的请求，但两部电梯均停在地面，这时调度左边的电梯上来；同样，可以理解变迁 t_{10}、t_{12}、t_{14} 的作用；p_1 与 p_2 的作用是模拟两次下的请求需要交替，即一次下的请求得到满足后，下一次下的请求才能发生；同样可以理解 p_7 与 p_8 的作用；理解了上述变迁与库的作用，其他变迁与库所的作用就容易理解了，在此不再叙述。

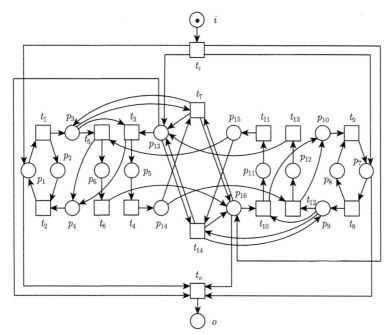

图 5.3　模拟电梯调度系统的工作流网

　　假设系统初始状态是左边电梯停在观光台而右边电梯停在地面；为了构造成工作流网，使用变迁 t_i 来配置初始状态，而使用变迁 t_o 使系统回到原来状态。

5.3.3　基于元展分析电梯调度系统

　　图 5.4 是电梯调度系统工作流网模型的元展。在此元展中，除了切 $\{c_i\}$ 与 $\{c_1, c_2, c_3, c_4\}$ 能够直接到达终止切 $\{c_o\}$ 外，其余任一个切：

　　(1) 要么被对应标识 $[\![p_1, p_7, p_{13}, p_{16}]\!]$ 的两个切所见证。

　　(2) 要么被对应标识 $[\![p_2, p_3, p_7, p_{13}, p_{16}]\!]$ 的两个切所见证。

　　(3) 要么被对应标识 $[\![p_1, p_8, p_9, p_{13}, p_{16}]\!]$ 的两个切所见证。

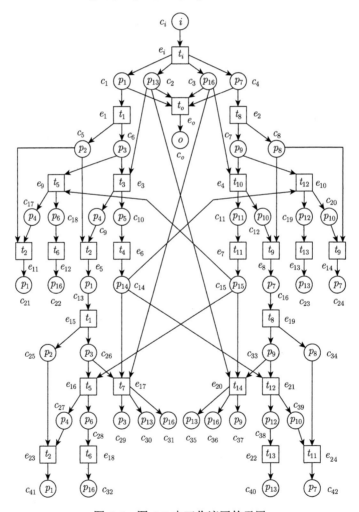

图 5.4　图 5.3 中工作流网的元展

所以，符合定理 5.1 的第 3 点。同时可以观察到：对应标识

$$[\![p_2, p_3, p_7, p_{13}, p_{16}]\!]$$

的切

$$\{c_2, c_3, c_4, c_5, c_6\}$$

又可被对应标识

$$[\![p_1, p_7, p_{13}, p_{16}]\!]$$

的两个切

$$\{c_1, c_2, c_3, c_4\}$$

与

$$\{c_2, c_{16}, c_{21}, c_{22}\}$$

所见证。

对应标识

$$[\![p_1, p_8, p_9, p_{13}, p_{16}]\!]$$

的切

$$\{c_1, c_2, c_3, c_7, c_8\}$$

也可被对应标识

$$[\![p_1, p_7, p_{13}, p_{16}]\!]$$

的两个切

$$\{c_1, c_2, c_3, c_4\}$$

与

$$\{c_3, c_{13}, c_{23}, c_{24}\}$$

所见证。

并且切

$$\{c_1, c_2, c_3, c_4\}$$

能够直接到达终止切。

这就说明这些切对应的标识均能到达终止标识。另外，容易检测工作流网中的每一个变迁都有相应事件出现在元展中，而元展中不存在一个切（所对应的标识）真覆盖另一个切（所对应的标识），所以，符合定理 5.1 的前两点。因此，该工作流网是健壮的。

该元展共有 70 个节点（包括 44 个条件库所与 26 个事件变迁）以及 88 条弧，而该工作流网对应的可达图有 146 个状态与 392 条弧；显然，元展所用存储空间更小。

第6章 基于元展的跨组织工作流网兼容性检测

本章先讨论利用元展检测跨组织工作流网的（弱）兼容性，然后定义一类跨组织工作流网，给出判定其（弱）兼容性的充分必要条件与算法，其判定的思想来源于分支进程。

6.1 基于元展判定跨组织工作流网兼容性

由于一个跨组织工作流网可以转化为一个工作流网，并且前者的兼容性等价于后者的健壮性、前者的弱兼容性等价于后者的弱健壮性[159]，所以，第5章的那些结论与性质同样适用于跨组织工作流网（弱）兼容性的判定。

定理 6.1 令 $N = (N_1, \cdots, N_m, P_C, F_C)$ 是一个跨组织工作流网，$M_0 = [\![i_1, i_2, \cdots, i_m]\!]$ 与 $M_d = [\![o_1, o_2, \cdots, o_m]\!]$ 分别是其初始标识与终止标识，$(O, h) = (S, E, G, h)$ 是其元展。N 是兼容的当且仅当 (O, h) 满足以下条件。

(1) $\forall t \in \bigcup_{j=1}^m T_j, \exists e \in E : h(e) = t$。

(2) $\forall C, C' \in \mathcal{C}(O) : C \npreceq C' \Rightarrow \neg(h[\![C]\!] \lneq h[\![C']\!])$。

(3) $\forall C \in \mathcal{C}(O)$：

① $\exists C' \in \mathcal{C}(O) : C \preceq C' \wedge h[\![C']\!] = M_d$ 或者

② $\exists C', C'' \in \mathcal{C}(O) : C' \npreceq C \preceq C'' \wedge h[\![C']\!] = h[\![C'']\!]$。

例 6.1 图 6.1 是一个由 3 个组件组成的跨组织工作流网，图 6.2 是它的元展。通过元展可以观察到，除了切 $\{c_3, c_4, c_9, c_{18}, c_{21}\}$、$\{c_3, c_5, c_8, c_{16}, c_{17}\}$、$\{c_5, c_6, c_8, c_{17}, c_{19}\}$ 以及 $\{c_5, c_7, c_8, c_{16}, c_{20}\}$ 外，其余每一个切都能到达一个终止切；然而，这 4 个切均不能被其他的切所见证。所以，该跨组织工作流网是不兼容的。

基于元展判定跨组织工作流网弱兼容性、判定有界跨组织工作流网（弱）兼容性的结论在此不再叙述。

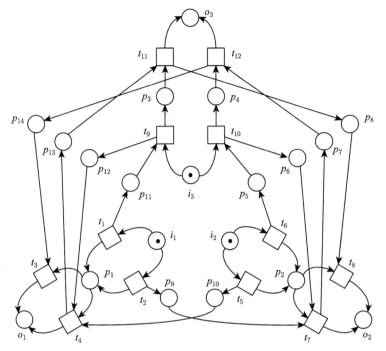

图 6.1 一个不兼容的跨组织工作流网

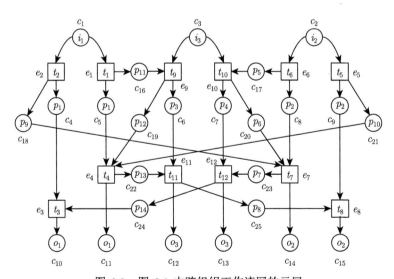

图 6.2 图 6.1 中跨组织工作流网的元展

6.2   允许简单回路的跨组织工作流网：SCIWF-网

定义 6.1(SCIWF-网)   如果跨组织工作流网 $N = (N_1, \cdots, N_m, P_C, F_C)$ 满足如下条件：

(1) $\forall j \in \mathbb{N}_m^+$: N_j 是一个健壮的、无环的、自由选择的工作流网。

(2) $\forall c \in P_C$: $|{}^\bullet c| = |c^\bullet| = 1$。

则称 N 是一个允许简单回路的跨组织工作流网 (simple circuit inter-organizational WF-net, SCIWF-网)。

例 6.2   图 6.1 与图 6.3 是两个 SCIWF-网，它们的基本组件是相同的，如图 6.4 所示，但组件间的交互是不同的。

在一个 SCIWF-网中，虽然每个组件中不允许回路，但整个 SCIWF-网是允许回路的，这也是将此类网称为允许简单回路的原因。另外，定义 6.1 的第二个约束条件说明，一个 SCIWF-网中的消息传递模式非常简单，即对任一通道库所来说，只有一个组件（且该组件中只有一个变迁）向其中传送消息，只有一个组件（且该组件中只有一个变迁）从其中取消息。

为便于叙述，自由选择结构的工作流网简称为 FCWF-网。

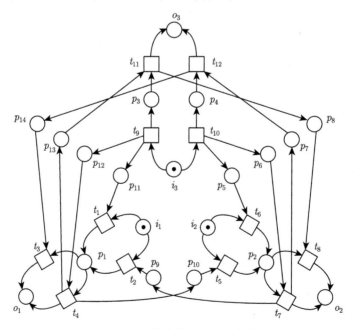

图 6.3   一个兼容的跨组织工作流网

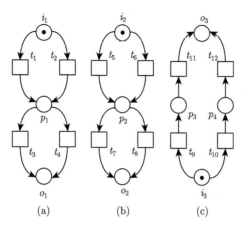

图 6.4　图 6.1 与图 6.3 中的跨组织工作流网的基本组件

下面给出判定 SCIWF-网兼容性与弱兼容性的充分必要条件, 首先给出 SCIWF-网的一些基本结构的定义。

6.3　SCIWF-网的 T-构件与帽的定义

这里, 借鉴 Petri 网展开的结构来定义 SCIWF-网的一些结构, 首先考虑每个组件 (无环的 FCWF-网) 的一些结构。

6.3.1　无环 FCWF-网的 T-构件与帽

定义 6.2(无环 FCWF-网的 T-构件)　令 $N = (P, T, F)$ 是一个无环的 FCWF-网, 其中 i 与 o $(i, o \in P)$ 是 N 的源库所与汇库所。$N' = (P', T', F')$ 是 N 的一个子网。如果 N' 满足下列条件:

(1) $\forall t \in T'$, t 在 N 中的输入与输出库所均保留在 N'。

(2) $i \in P' \wedge o \in P' \wedge |i^{\bullet} \cap T'| = |^{\bullet}o \cap T'| = 1$。

(3) $\forall p \in P' \setminus \{i, o\}$: $|p^{\bullet} \cap T'| = |^{\bullet}p \cap T'| = 1$。

则称 N' 是 N 的一个 T-构件 (T-component)。

例 6.3　图 6.5 (a) $\sim$ (d) 展示了图 6.4 (a) 的所有 T-构件, 而图 6.5 (e) $\sim$ (f) 是图 6.4 (c) 的所有 T-构件。

实际上, 一个构件代表了一次可能的运行 (或多个可能的运行, 但这多个运行也是由相同的变迁组成的, 只不过是由并发情况导致的不同的排列顺序)。由前两个条件可知, 对一个 T-构件中的任意一个节点 x 来说, 在此 T-构件中都存在一个从 i 到 x 再到 o 的有向路径。并且, 由第三个条件可知, 一个 T-构件中不存在选择结构。因此, 如果向一个 T-构件中增加一个新的变迁, 该变迁作为 i 的输入与 o

的输出，则得到一个标识图。因此，这里 T-构件的定义与文献 [84] 中 T-构件的定义是一致的。因此，依据文献 [84] 中的结论（即 Theorem 5.18），可以知道一个健壮的无环的 FCWF-网被 T-构件所覆盖，其中，一个 FCWF-网被 T-构件覆盖（cover）意味着对网中的任意一个变迁来说，都存在一个包含它的 T-构件。又依据文献 [84] 中的结论（即 Theorem 5.20），可以知道一个健壮的无环的 FCWF-网的任一个完整的变迁序列都对应一个 T-构件，其中，一个变迁序列是完整的（complete）意味着该变迁序列使得标识从 $M_0 = [\![i]\!]$ 到达 $M_d = [\![o]\!]$。Aalst [125] 已经证明：一个健壮的 FCWF-网是安全的。因此，无环健壮的 FCWF-网的一个 T-构件中的一个变迁，在所对应的一个完整变迁序列中只能出现一次。当然，如果一个 T-构件中存在并发结构，则它对应多个完整变迁序列。

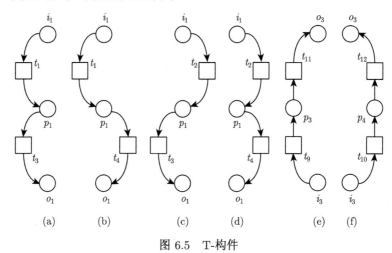

图 6.5　T-构件

（a）～（d）：图 6.4（a）的所有 T-构件，（e）～（f）：图 6.4（c）的所有 T-构件

另外需要注意的是，一个 T-构件具有极大性，也就是说，将任一个/组其他变迁加入到一个 T-构件中都不会再构成一个更大的 T-构件，这是由于 T-构件的连通性（每个元素都在从源库所到汇库所的一条有向路径上）以及 T-构件中每个库所的前/后集中元素的个数不超过 1 所决定的。

定义 6.3（无环 FCWF-网的帽）　令 $N = (P, T, F)$ 是一个无环的 FCWF-网，其中 $i\,(i \in P)$ 是 N 的源库所。$N' = (P', T', F')$ 是 N 的一个子网。如果 N' 满足下列条件：

(1) $\forall t \in T'$，t 在 N 中的输入与输出库所均保留在 N' 中。

(2) $\forall p \in P'$：$|^{\bullet}p| \leqslant 1 \wedge |p^{\bullet}| \leqslant 1$。

(3) $\forall x \in T' \cup P'$，在 N' 中存在一个从 i 到 x 的有向路径。

则称 N' 是 N 的一个帽（cap）。

例 6.4   图 6.6 展示了图 6.4（c）中无环 FCWF-网的所有帽。

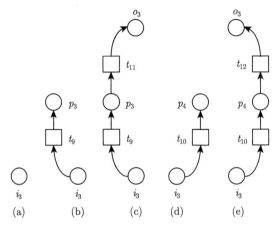

图 6.6   图 6.4（c）中无环 FCWF-网的所有帽

依据定义 6.2 与定义 6.3 可知，每一个 T-构件也是一个帽，只不过一个帽表达了从开始的部分运行片段，而 T-构件表达了从开始到结束的一次完整运行。只有源库所的子网也可以看作一个帽，它表示了一个空的变迁序列。

引理 6.1   一个健壮无环的 FCWF-网被 T-构件所覆盖，并且对于它的每一个帽来说，都存在它的一个 T-构件使得该帽是该 T-构件的一个子网。

证明：令 N 是一个健壮无环的 FCWF-网，令 σ 是 N 的一个完整变迁序列，即 $[i][\sigma][o]$。由于 N 是健壮的，所以它是安全的[125]；由于它是无环的，所以 σ 中的每个变迁在 σ 中只能出现一次。所以，σ 中的这些变迁以及它们的前集与后集就形成一个 T-构件。由于 N 是健壮的，所以对每个变迁来说都存在一个包含它的完整变迁序列。所以 N 是能够被 T-构件所覆盖的。

基于帽的定义可知，对于任意一个帽来说，如果放一个托肯在帽的源库所 i 中，则存在一个可发生的变迁序列 σ，σ 恰好为帽中的每个变迁出现一次且只出现一次所形成，且 σ 在 N 中也是可发生的。又由于 N 是健壮的，所以存在 N 的一个完整变迁序列 σ' 满足：σ 是 σ' 的前缀，即 σ 所对应的帽是 σ' 所对应的 T-构件的子网。   证毕

事实上，如果一个无环的 FCWF-网是 T-构件所覆盖的并且每个帽都是某个 T-构件的子网，则该无环的 FCWF-网是健壮的。而这些结论同样可以推广到 SCIWF-网上。下面，首先将 T-构件与帽的概念推广到 SCIWF-网上。

6.3.2　SCIWF-网的 T-构件与帽

定义 6.4（SCIWF-网的 T-构件）   令 $N = (N_1, \cdots, N_m, P_C, F_C)$ 是 SCIWF-网，$N' = (N_1', \cdots, N_m', P_C', F_C')$ 是 N 的一个子网，如果 N' 满足下列条件：

(1) $\forall j \in \mathbb{N}_m^+$，$N_j' = (P_j', T_j', F_j')$ 是 $N_j = (P_j, T_j, F_j)$ 的一个 T-构件。

(2) $\forall t \in N'$，t 在 N 中的输入与输出库所均保留在 N' 中。

(3) $F_C' = \bigcup_{j=1}^{m}((P_C' \times T_j') \cup (T_j' \times P_C')) \cap F_C$。

(4) 在 N' 中，$\forall p \in P_C' : |{}^\bullet p| = |p^\bullet| = 1$。

(5) N' 是无环的。

则称 N' 是 N 的一个 T-构件 (T-component)。

定义 6.5 (SCIWF-网的帽)　令 $N = (N_1, \cdots, N_m, P_C, F_C)$ 是一个 SCIWF-网，$N' = (N_1', \cdots, N_m', P_C', F_C')$ 是 N 的一个子网，如果 N' 满足下列条件：

(1) $\forall j \in \mathbb{N}_m^+$，$N_j' = (P_j', T_j', F_j')$ 是 $N_j = (P_j, T_j, F_j)$ 的一个帽。

(2) $\forall t \in N'$，t 在 N 中输入与输出库所均保留在 N' 中。

(3) $F_C' = \bigcup_{j=1}^{m}((P_C' \times T_j') \cup (T_j' \times P_C')) \cap F_C$。

(4) 在 N' 中，$\forall p \in P_C' : |p^\bullet| = 1 \Rightarrow |{}^\bullet p| = 1$。

(5) N' 是无环的。

则称 N' 是 N 的一个帽 (cap)。

例 6.5　图 6.1 中的 SCIWF-网有两个 T-构件，如图 6.7 所示；而图 6.3 中的 SCIWF-网也有两个 T-构件，如图 6.8 所示。

例 6.6　图 6.9 中的三个子网均为图 6.3 中的 SCIWF-网的帽。

例 6.7　图 6.10 中的两个子网并不是图 6.3 中的 SCIWF-网的帽：因为上半部分的子网中存在环

$$p_9 t_2 p_1 t_4 p_{10} t_5 p_2 t_7 p_9$$

不满足帽的定义中的第五个条件；而下半部分的子网中，库所 p_8 没有输入变迁，不满足帽的定义中的第四个条件。

SCIWF-网的一个 T-构件包含了每一个基本组件（FCWF-网）的一个 T-构件（为了方便，称 FCWF-网的 T-构件为 SCIWF-网的基本 T-构件），并且，连接这些基本 T-构件的通道库所也必须在该 T-构件中且满足封闭性（即一个通道库所的输入与输出变迁均保留在该 T-构件中）。但是，并不是对每一个基本 T-构件来说，都会存在一个 T-构件包含它；换句话说，正是交互的原因，使得基本组件的某些行为被抑制了。例如，图 6.5（d）是图 6.3 所示 SCIWF-网的一个基本 T-构件，但是，该 SCIWF-网的任一 T-构件（图 6.8）均不包含该基本 T-构件，也就是说，该基本 T-构件表示的行为 $t_2 t_4$ 在交互过程中是不会发生的。

如果在 SCIWF-网的 T-构件中加入一个变迁，使得它的输入是所有基本组件的汇库所，而它的输出是所有基本组件的源库所，则产生一个标识图。这个标识图是强联通的并且每个环都包含一个源库所与一个汇库所。因此，这个标识图在标识 $M_0 = [\![i_1, \cdots, i_m]\!]$ 下是活的与安全的（依据文献 [50] 中 Theorem 31 与 Theorem

32）。因此，一个 T-构件对应一些完整变迁序列（一些是由并发结构导致的），而一个完整变迁序列对应 个 T-构件。这里，一个完整变迁序列意味着它的发生使得状态从 $M_0 = [\![i_1, \cdots, i_m]\!]$ 变为 $M_d = [\![o_1, \cdots, o_m]\!]$。然而，一个不兼容的 SCIWF-网存在一些不完整的变迁序列（即这些序列发生后不能到达 M_d，并且发生后没有变迁能够再发生）。因此，需要帽来表达这些使能的但不完整的变迁序列。依据帽与 T-构件的定义可知，一个 T-构件也是一个帽。

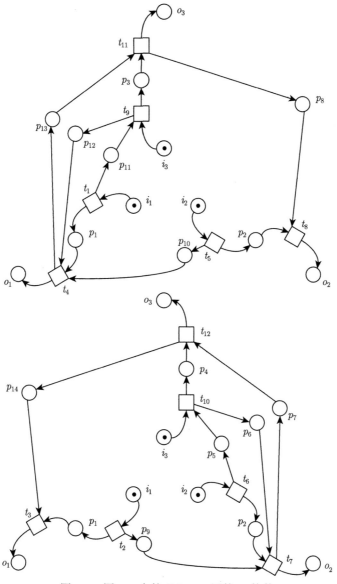

图 6.7   图 6.1 中的 SCIWF-网的 T-构件

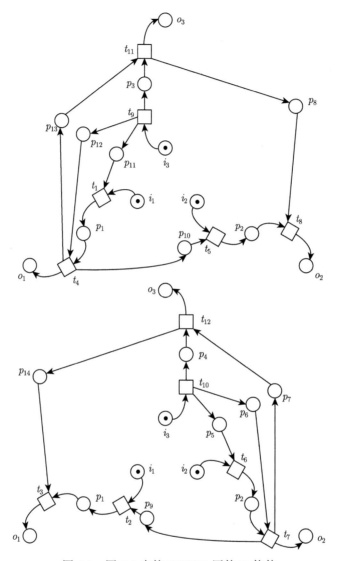

图 6.8   图 6.3 中的 SCIWF-网的 T-构件

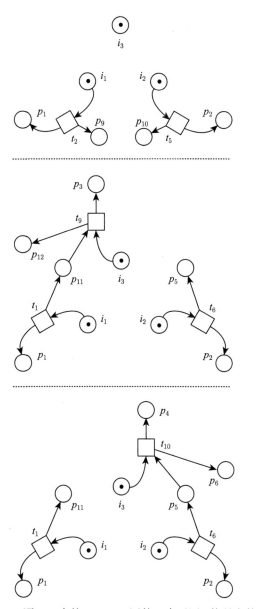

图 6.9 图 6.1 中的 SCIWF-网的三个子网,均是它的帽

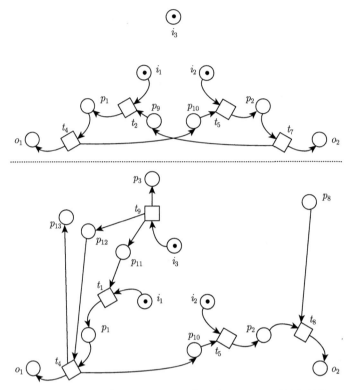

图 6.10　图 6.3 中的 SCIWF-网的两个子网, 但不是它的帽

　　直观上讲, SCIWF-网的一个回路上的所有变迁不可能同时出现在一个运行序列中, 这是因为作为基本组件的 FCWF-网是无环的且是安全的, 而 FCWF-网的安全性与无环性使得任何变迁都最多只能发生一次。

　　更具体地讲, 对于 SCIWF-网的一个帽, 如果增加一个变迁使得该变迁的输入库所是帽中所有没有输出变迁的那些库所, 而该变迁的输出库所为该帽的源库所, 则生成的新网是一个标识图; 如果在该帽中存在一个回路, 则该回路不可能包含源库所, 这样一来, 新生成的标识图就含有一个未被标识的回路 (只有源库所有一个初始托肯), 从而使得该标识图不是活的 [50,64,84], 也就是说, 不存在使能的变迁序列对应这个帽 (当该帽中存在回路时)。因此, 为了反映 SCIWF-网的兼容性, 一个帽与 T-构件必须是无回路的 (见定义 6.4 与定义 6.5 的第五个条件)。然而, 这也并不意味着一个兼容的 SCIWF-网中不能存在回路; 实际上, 图 6.3 是一个有回路的 SCIWF-网, 并且是兼容的。值得注意的是, 无论是兼容的 SCIWF-网还是不兼容的 SCIWF-网, 它的一个可发生的变迁序列中, 一个变迁最多只能出现一次, 原因是作为基本组件的 FCWF-网是无环的且是安全的。

6.4 基于 T-构件与帽的 SCIWF-网兼容性判定

本节利用 T-构件与帽来判定 SCIWF-网的兼容性与弱兼容性。首先给出判定的充分必要条件，然后给出判定算法。

6.4.1 充要条件

首先证明，SCIWF-网的所有的帽就代表了所有的运行行为。

引理 6.2 令 $N = (N_1, \cdots, N_m, P_C, F_C)$ 是一个 SCIWF-网，则

(1) 对于 $(N, [\![i_1, \cdots, i_m]\!])$ 的任一可发生的变迁序列 σ（即 $[\![i_1, \cdots, i_m]\!][\sigma\rangle$），都存在 N 的一个帽 $N' = (N_1', \cdots, N_m', P_C', F_C')$ 是由 σ 的所有变迁及其输入与输出库所构成的。

(2) 对于 N 的任一帽 $N' = (N_1', \cdots, N_m', P_C', F_C')$，都存在 $(N, [\![i_1, \cdots, i_m]\!])$ 的一个可发生的变迁序列 σ 恰好是由 N' 中的变迁所构成的。

证明：（必要性）由于 σ 是 $(N, [\![i_1, \cdots, i_m]\!])$ 的一个可发生的变迁序列，所以 $\sigma \upharpoonright N_j$ 也是 $(N_j, [\![i_j]\!])$ 的一个变迁序列，这里 $j \in \mathbb{N}_m^+$，而 $\sigma \upharpoonright N_j$ 是序列 σ 在 N_j 的变迁集上的投影。依据引理 6.1 可知，存在 N_j 的一个帽 N_j' 对应 $\sigma \upharpoonright N_j$。由于 σ 中的每个变迁 t 都是可发生的，所以 t 的输入通道库所必是 σ 中的某个变迁 t' 的输出通道库所，并且 t' 在 σ 中先于 t 发生。因此，σ 中的所有变迁以及关联的库所构成 N 的一个子网且符合帽的定义。

（充分性）因为帽 $N' = (N_1', \cdots, N_m', P_C', F_C')$ 是无环的，并且只有源库所是没有输入变迁但在初始标识 $[\![i_1, \cdots, i_m]\!]$ 下均被标识，所以，$(N', [\![i_1, \cdots, i_m]\!])$ 有使能的变迁。可以选择一个使能的变迁使之发生；发生之后，删除该变迁以及它的输入库所，而所得到的网仍然是无环的并且那些没有输入变迁的库所仍然都是被标识的；这样，就可以重复上述操作直到网中没有变迁，则最终可以得到一个变迁发生序列，并且该变迁序列是由该帽中的变迁发生且只发生一次得到的。 **证毕**

定义 6.6(覆盖) 如果一个 SCIWF-网的每一个变迁都存在于该网的一个 T-构件中，则称该 SCIWF-网是被 T-构件覆盖的 (covered)。

定理 6.2 一个 SCIWF-网是兼容的，当且仅当它是被 T-构件覆盖的并且它的每一个帽都是某个 T-构件的子网。

证明：（必要性）令 σ 是 SCIWF-网 $N = (N_1, N_2, \cdots, N_m, P_C, F_C)$ 在初始标识 $M_0 = [\![i_1, \cdots, i_m]\!]$ 下的一个完整变迁序列。则 $\forall j \in \mathbb{N}_m^+$，$\sigma \upharpoonright N_j$ 是 $(N_j, [\![i_j]\!])$ 的一个完整变迁序列，其中，$\sigma \upharpoonright N_j$ 是 σ 在 N_j 的变迁集上的投影。依据引理 6.1 可知，$\sigma \upharpoonright N_j$ 对应 N_j 的一个 T-构件。另外，由于 N 是兼容的，所以发生 σ 后所有通道库所中均无托肯。因此，作为变迁序列 σ 的输入的任一通道库所，也必为它的

输出，并且反之亦然。同时，σ 的所有变迁及其输入输出库所构成的子网不可能存在环路，否则环路上的任何变迁均不能发生。因此，σ 的所有变迁及其输入输出库所构成的子网是 N 的一个 T-构件。又由于 N 是兼容的，所以对于它的每一个变迁都存在一个包含该变迁的完整变迁序列。因此，N 是被 T-构件所覆盖的。

依据引理 6.2 可知，对 N 的每一个帽 $N' = (N_1', \cdots, N_m', P_C', F_C')$ 来说，在 $(N, [\![i_1, \cdots, i_m]\!])$ 中都存在一个使能的变迁序列 σ 对应该帽。因为 N 是兼容的，所以存在一个完整的变迁序列 σ' 包含了 σ（即 σ 是 σ' 的前缀），而 σ' 又对应一个 T-构件。所以，帽 N' 是序列 σ' 所对应的 T-构件的子网。

（充分性）（反证法）假设 N 不是兼容的，则依据定义 2.17 可知以下三种情况必有一种出现。

情况 1：$\exists t \in T, \forall M \in R(N, [\![i_1, \cdots, i_m]\!]): \neg M[t\rangle$。

情况 2：存在一个可达标识 $M \in R(N, [\![i_1, \cdots, i_m]\!])$ 使得所有的汇库所有托肯但也存在通道库所有托肯①。

情况 3：存在一个可达的死锁标识 $M \in R(N, [\![i_1, \cdots, i_m]\!])$ 和一个汇库所 o_j 使得 $M(o_j) = 0$。

下面证明这三种情况都不会出现。

考虑情况 1。因为 N 是被 T-构件覆盖的，所以对每一个变迁来说都存在一个包含它的 T-构件，而依据引理 6.2 可知每一个 T-构件都对应一个可发生的变迁序列并且该序列包含了该 T-构件中的所有变迁。所以，情况 1 不可能出现。

考虑情况 2。令可发生的变迁序列 σ 导致了情况 2 所说的这样一个标识 M，则依据引理 6.2 可知，存在一个帽 N' 对应 σ。因为 σ 发生后使得每个汇库所都被标识，所以 N' 包含了每一个 FCWF-网的一个 T-构件，并且那些在 M 下仍被标识的通道库所在 N' 中就没有输出变迁（否则这些输出变迁就能把相应通道库所中的托肯移走）。因为每一个帽都是某一个 T-构件的子网，所以存在一个 T-构件 N'' 包含了帽 N'，并且帽 N' 中没有输出变迁的通道库所在该 T-构件中就有了输出变迁；多出来的每一个变迁都要存在于相应的 FCWF-网的一个 T-构件中，换句话说，这个 FCWF-网就有多个 T-构件存在于 N'' 中，这与 T-构件的定义（只包含每个基本组件 FCWF-网的一个 T-构件）相矛盾。所以，情况 2 也不会出现。

考虑情况 3。令可发生的变迁序列 σ 导致了情况 3 所说的这样一个标识 M。由于 σ 发生后没有变迁可以再发生，所以就不存在 T-构件包含 σ 所对应的帽，这与已知条件相矛盾。所以，情况 3 也不会出现。

因此，N 是兼容的。　　　　　　　　　　　　　　　　　　　　　　　　　　**证毕**

---

① 因为每个作为基本组件的 FCWF-网 N_j 是健壮的，所以当 N_j 的汇库所有托肯时，它的其他库所里就没有托肯；所以，对于一个不兼容的 SCIWF-网，当它的每个汇库所都有托肯时，一定是它的某些通道库所中还留有托肯。

例 6.8 依据上述定理可知, 图 6.3 中的 SCIWF-网是兼容的: 图 6.8 展示了它的两个 T-构件, 并且每个帽都是其中某个 T-构件的子网; 但图 6.1 中的 SCIWF-网是不兼容的: 虽然它也是被 T-构件覆盖的 (图 6.7 展示了它的两个 T-构件), 但是它的一些帽 (如图 6.9 展示的三个帽) 却不是任何 T-构件的子网。

例 6.9 图 6.1 中的 SCIWF-网是不兼容的, 其原因恰好对应定理 6.2 的证明中的情况 3。

图 6.11 (a) 是一个不兼容的 SCIWF-网: 图 6.11 (b) 与 (c) 是它的仅有的两个 T-构件, 显然它是 T-构件所覆盖的; 图 6.11 (d) 是它的一个帽, 但由于通道库所 p 没有输出, 所以它不是 T-构件; 显然, 图 6.11 (d) 中的帽不是任何 T-构件的子网; 所以, 该 SCIWF-网是不兼容的, 恰好对应定理 6.2 的证明中的情况 2。

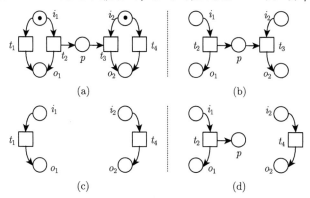

图 6.11 展示定理 6.2 的证明中的情况 2

(a) 一个不兼容的 SCIWF-网; (b) 和 (c) 两个 T-构件; (d) 一个帽但不是 T-构件

图 6.12 (a) 是一个不兼容的 SCIWF-网: 图 6.12 (b) ~ (e) 是它的仅有的 4 个帽; 图 6.12 (e) 也是唯一的一个 T-构件; 虽然每个帽都是这个 T-构件的子网, 但变迁 $t_2 \sim t_5$ 均不在这个 T-构件中。这个例子对应定理 6.2 的证明中的情况 1。

图 6.12 (f) 并不是这个 SCIWF-网的帽, 因为其中有回路。

定义 6.7(SCIWF-网的极大帽) 给定 SCIWF- 网的一个帽, 如果它不是其他帽的子网, 则称该帽是极大的 (maximal)。

例 6.10 对图 6.1 中的 SCIWF-网来说, 图 6.9 中的三个帽均是极大的。

显然, 每一个 T-构件都是一个极大帽; 如果一个极大帽不是 T-构件, 则 SCIWF-网就不是兼容的。

推论 6.1 一个 SCIWF-网是兼容的当且仅当:

(1) 它是被 T-构件所覆盖的。

(2) 每一个极大帽都是一个 T-构件。

证明:(必要性) 依据定理 6.2 可知: 一个兼容的 SCIWF-网是被 T-构件所覆

盖的。假如一个兼容的 SCIWF-网的某个极大帽不是 T-构件，则由极大性可知：不存在 T-构件包含这样一个极大帽，从而依据定理 6.2 可知：该 SCIWF-网不兼容。这就产生了矛盾。所以，一个兼容的 SCIWF-网的每个极大帽都是一个 T-构件。

（充分性）由极大性的定义可知：对每一个帽来说都存在一个极大帽包含它。再由第二个已知条件可知：对每一个帽来说都存在一个 T-构件包含它。所以，依据定理 6.2 可知充分性成立。　　　　　　　　　　　　　　　　　　　　**证毕**

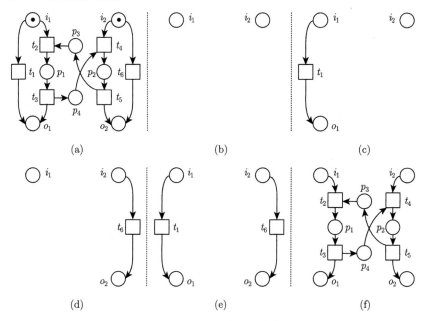

图 6.12　展示定理 6.2 的证明中的情况 1

（a）一个不兼容的 SCIWF-网；（b）～（e）帽；（f）既不是帽也不是 T-构件

事实上，每个帽都存在于一个 T-构件中，就意味着每个运行都能正常结束；而每个变迁都存在于一个 T-构件中，就意味着每个变迁都有使能的机会。因此，可以得到判定弱兼容性的充分必要条件。

定理 6.3　一个 SCIWF-网是弱兼容的当且仅当它的每一个帽都是某个 T-构件的子网。

推论 6.2　一个 SCIWF-网是弱兼容的当且仅当它的每一个极大帽都是一个 T-构件。

算法 6.1 如下所示。

算法 6.1　判定 SCIWF-网弱兼容性的算法

输入：N，M_0，M_d。

输入: 弱兼容或者反例。

begin

IsT-component(N, M_0);

end

---

procedure IsT-component (N, N')   // 判定是否存在不是 T-构件的极大帽

begin

$X := \{p \in N' | p^\bullet = \varnothing \text{ in } N'\}$;

$Y := \{t \in N | X[t\rangle\}$;

if $X \neq M_d \wedge Y \neq \varnothing$ **then**

  for 每一个 $t \in Y$ **do**

   $N'' := N' \cup \{t\} \cup t^\bullet \cup (t \times t^\bullet) \cup ({}^\bullet t \times t)$;

   IsT-component (N, N'');

  endfor

else

  if $X \neq M_d \wedge Y = \varnothing$ **then** //N' 是一个极大帽但不是一个 T-构件

   output (N');

   exit (0);

  endif

endif

end

例 6.11   图 6.12 (a) 中的 SCIWF-网满足上述定理与推论, 所以它是弱兼容的, (b) ~ (e) 是它的所有帽, (e) 是它的唯一一个 T-构件, 且每一个帽都是这个 T-构件的子网。

6.4.2 判定弱兼容性的算法

令 $N = (N_1, \cdots, N_m, P_C, F_C)$ 是一个 SCIWF-网, $M_0 = [\![i_1, \cdots, i_m]\!]$ 与 $M_d = [\![o_1, \cdots, o_m]\!]$ 分别是 N 的初始与终止标识, N' 表示 N 的一个帽。注: M_0 可以看作 N 的最简单的一个帽。调用下列递归函数 IsT-component(N, M_0) 即可判定 N 是否弱兼容。IsT-component 采用深度优先的思想生成所有可发生的序列对应的帽, 如果一个极大帽不是 T-构件, 则说明 N 不是弱兼容的, 否则为弱兼容的。

X 表示当前的所到达的标识, Y 记录了所有在 X 下使能的变迁。

$X \neq M_d \wedge Y = \varnothing$ 表示在当前标识下没有变迁可以再发生但当前标识又不是终止标识, 所以相应的这个极大帽不是一个 T-构件, 即该网不是弱兼容的, 同时输出该反例。

　　$X \neq M_d \wedge Y \neq \varnothing$ 意味着还没到达终止标识并且还有可发生的变迁, 即当前的帽 N' 不是极大的; 因此, 对于一个更大的帽, 即 $N'' := N' \cup \{t\} \cup t^{\bullet} \cup (t \times t^{\bullet}) \cup ({}^{\bullet}t \times t)$, 继续递归调用该过程判定该帽是否为 T-构件。

　　$X = M_d$ 则意味着到达了终止标识 (此时相应的 Y 为空)。

　　当运行 IsT-component(N, M_0) 时, 最坏的情况是所有的极大帽均是 T-构件的情况, 即这些极大帽都要被生成以待验证。下面的特殊例子说明, T-构件的数目能够呈指数级增长: 一个 SCIWF-网由 m 个 FCWF-网合成, 但它们之间没有任何通道库所连接, 并且每一个 FCWF-网包含 k 个 T-构件。显然, 这个 SCIWF-网有 k^m 个 T-构件。

6.4.3　判定兼容性的算法

　　当调用 IsT-component (N, M_0) 去判定是否存在极大帽不是 T-构件时, 它将遍历 N 的所有的帽 (如果每个极大帽都是一个 T-构件) 或者输出一个极大帽 (如果该极大帽不是一个 T-构件)。

　　然而, 如何去判断一个 SCIWF-网是否被 T-构件所覆盖呢?

　　显然, 可以增加一个全局变量来记录那些能够使一个帽变扩展为更大帽的变迁: 如果遍历了所有的极大帽为 T-构件时, 只需再检测该全局量是否等于 T 即可, 相等则是兼容的, 不相等则不兼容; 当然, 如果检测到存在不是 T-构件的极大帽, 则意味着不兼容。

　　具体说来, 设置一个全局变量 Trans, 初始化为 $\varnothing$ (空集)。在 IsT-component 中增加一个相关语句 (新的递归函数称为 IsT-component-E): 如果当前的帽被检测为极大但不是 T-构件时, 则输出该反例并终止整个程序; 如果当前的帽不是极大的, 就选择一个使能的变迁去产生一个更大的帽, 并且在递归调用之前, 先将该变迁加入到 Trans 中。在主程序中, 递归函数被调用执行之后, 再判定 Trans 是否等于 T: 不等于 T, 则说明是弱兼容的但不是兼容的; 等于 T, 则说明是兼容的。算法 6.2 展示了这一过程。

算法 6.2　判定 SCIWF-网兼容性的算法

输入: N, M_0, M_d。

输入: 兼容、弱兼容或者反例。

begin

Trans := $\varnothing$;　// 全局变量

IsT-component-E(N, M_0);

if Trans = T **then**

　output ("Compatibility");

```
else
  output ("Weak Compatibility");
endif
end
```

procedure IsT-component-E(N, N')

```
begin
```

$X := \{p \in N'|p^\bullet = \varnothing \text{ in } N'\}$;

$Y := \{t \in N|X[t\rangle\}$;

if $X \neq M_d \wedge Y \neq \varnothing$ **then**

  for 每一个 $t \in Y$ **do**

   Trans := Trans $\cup \{t\}$; // 记录可发生的变迁序列

   $N'' := N' \cup \{t\} \cup t^\bullet \cup (t \times t^\bullet) \cup (^\bullet t \times t)$;

   IsT-component-E (N, N'');

  endfor

else

  if $X \neq M_d \wedge Y = \varnothing$ **then**

   output (N');

   exit (0);

  endif

endif

end

6.5 应用实例：三方交互的订货流程

6.5.1 三方交互的订货流程简介及其 SCIWF-网模型

本实例选自文献 [160], 在文献 [161] 中也有介绍。这是一个三方交易的跨组织工作流系统，三方分别为零售商、银行以及供货商。零售商从供货商那里购买货物，但要经过银行进行付款。图 6.13 展示了三方交互的过程，可概述如下。

零售商（中间流程）首先请求银行（右边流程）给予一个授权（p_1）。得到银行的同意后（p_2）[①]，零售商向供货商（左边流程）发送一个订单（p_3）。当供货商收到订单后，可以去准备货物（$p_{1,1}$）；同时，向银行发送一个账单（p_4），并向零售商发送一条消息（p_5），告知他账单已发给银行。银行收到账单后，向零售商发送一条消息（p_6），请他确认。零售商只有将供货商发出的"账单已发出"的消息（p_5）以及

---

① 为简便起见，这里只考虑同意的情况，不考虑不同意的情况。同样，下面有些选择的情况也省略。

银行发出的"请确认"消息（p_6）都收到后（$p_{2,4}$），才将"确认"消息同时发送给供货商（p_7）与银行（p_8）。银行收到"确认"消息后，就去执行转账（$p_{3,5}$），然后给供货商与零售商同时发送"交易完成"的消息（p_9 与 p_{10}），银行的活动到此结束（o_3）。当供货商收到"确认"消息（p_7）与"交易完成"的消息（p_9）并且货物已准备好（$p_{1,3}$），就向零售商发出"货物已发出"的消息（p_{11}），供货商的活动到此结束（o_1）。当零售商收到"交易完成"的消息（p_{10}）与"货物已发出"的消息（p_{11}）后，他的活动到此也结束（o_1）。

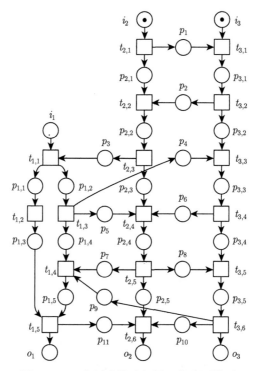

图 6.13　三方网购的跨组织工作流网模型

6.5.2　三方交互的兼容性分析

显然，图 6.13 是一个 SCIWF-网。该 SCIWF-网只有一个 T-构件，即它本身（图 6.13 去掉初始托肯），并且它是唯一的一个极大帽，包含了所有的变迁。依据推论 6.2 知：该系统是兼容的。

第7章 基于元展的资源分配系统死锁检测

本章首先给出资源分配网的特性；然后基于此特性，给出检测死锁的充分必要条件与算法；最后，给出两个实例，一个是经典的哲学家就餐问题，另一个是柔性制造系统。

7.1 资源分配网元展的特性

Aalst 等 [85] 已经证明：健壮的工作流网是有界的。注：这里的工作流网的初始标识与终止标识都只有一个托肯。显然，这个结论可以推广到健壮的 G-任务，注：这里的 G-任务的初始与终止标识可以有 $n\,(n \geqslant 1)$ 个托肯。

引理 7.1 健壮的 G-任务 $(N, M_0, M_d) = (P, T, F, M_0 = [\![n \cdot i]\!], M_d = [\![n \cdot o]\!])$ 是有界的，其中：$n \geqslant 1$。

证明： 反证法。假设一个健壮的 G-任务不是有界的，则存在 $M' \in R(N, M_0)$ 以及 $M'' \in R(N, M')$ 满足：

$$M'' \gneqq M'$$

令

$$M'' = M' + M''' \wedge M''' \gneqq 0$$

由于健壮性，所以 M' 到 $[\![n \cdot o]\!]$ 是可达的；不失一般性，令

$$M'[\sigma\rangle[\![n \cdot o]\!]$$

所以，σ 在 M'' 处仍然是可发生的，并且发生后的标识为

$$[\![n \cdot o]\!] + M'''$$

由于

$$[\![n \cdot o]\!] + M''' \gneqq [\![n \cdot o]\!]$$

所以，这与 G-任务健壮性定义中的第 2 点相矛盾。所以，假设不成立。   **证毕**

由于健壮的 G-任务是有界的，而带有资源的 G-任务中每个资源都是守恒的，所以，带有资源的 G-任务也是有界的。

推论 7.1 一个带有资源的 G-任务是有界的。

　　证明：假设一个带有资源的 G-任务是无界的。因为对应的 G-任务是有界的，所以，无界只能出现在资源库所上。不失一般性，不妨令资源库所 r 是无界的，而与 r 形成极小 P-不变量的那些库所分别记为

$$p_1、p_2、\cdots、p_k,\ k \geqslant 1$$

这个极小 P-不变量记为 I。由极小性可知，I 中对应

$$r、p_1、\cdots、p_k$$

处的值均大于等于 1，而其他值均为 0；并且，由带资源的 G-任务的定义可知，这个极小 P-不变量的支集中不包含其他资源库所。由于网系统在

$$p_1、p_2、\cdots、p_k$$

处有界而在 r 处无界，所以，存在可达标识 M_1 以及从 M_1 可达的标识 M_2 使得

$$M_1 \leqslant M_2 \wedge M_1(r) < M_2(r) \wedge \forall j \in \mathbb{N}_k^+ : M_1(p_j) = M_2(p_j)$$

由于

$$M_1 + J \cdot U = M_2$$

所以，

$$(M_1 + J \cdot U) \cdot I = M_2 \cdot I$$

式中，U 为这个带资源的 G-任务的关联矩阵，J 为从 M_1 到 M_2 的变迁发生序列对应的向量。又由于

$$U \cdot I = 0$$

所以，

$$M_1 \cdot I = M_2 \cdot I$$

又因为

$$M_1 \cdot I = M_1(r) \cdot I(r) + M_1(p_1) \cdot I(p_1) + \cdots + M_1(p_k) \cdot I(p_k)$$

并且

$$M_2 \cdot I = M_2(r) \cdot I(r) + M_2(p_1) \cdot I(p_1) + \cdots + M_2(p_k) \cdot I(p_k)$$

所以，

$$M_1(r) \cdot I(r) = M_2(r) \cdot I(r)$$

所以，

$$M_1(r) = M_2(r)$$

这与

$$M_1(r) < M_2(r)$$

相矛盾。所以，假设不成立，结论成立。 **证毕**

由于资源分配网是由一组带有资源的 G-任务通过共享资源库所合成的，所以资源分配网也是有界的。

推论 7.2 一个资源分配网是有界的。

前面已证明：有界 Petri 网的元展满足完整性（见定理 4.3），所以，资源分配网的元展也满足完整性，即每一个可达标识在元展中都有相应的切。

推论 7.3 给定一个资源分配网，对于它的任一可达标识来说，在其元展中都存在一个切与之对应。

7.2 基于元展的资源分配网死锁检测

由于资源分配网的元展满足完整性，即它包含了所有的可达标识，所以，使用元展可以检测系统是否存在死锁。

定理 7.1 一个资源分配网存在死锁，当且仅当在其元展中存在一个切 C 满足：

$$h[\![C]\!] \neq M_d \wedge \forall t \in T : \neg h[\![C]\!][t\rangle$$

事实上，在生成元展的同时，即可检测系统是否存在死锁；换句话说，当一个可能扩展被添加后，会生成新的切；因此，可在线检测新的切是否对应死锁，如果对应一个死锁，则提前终止，否则将该可能扩展添加进去。算法 7.1 描述了检测过程，其中：NEWCUT(Π, e) 表示一个可能扩展被添加后所形成的新的切的集合。

算法 7.1 基于元展检测资源分配网死锁的算法

输入：资源分配网 (N, M_0, M_d)，记 $M_0 = [\![p_1, \cdots, p_n]\!]$。

输出：deadlock 或 no deadlock。

begin

$\Pi := \{\langle p_1, \varnothing \rangle, \cdots, \langle p_n, \varnothing \rangle\}$; $pe := \mathbb{E}(\Pi)$;

while $pe \neq \varnothing$ **do**

  从 pe 中选择一个可能扩展 $e = \langle t, X \rangle$;

  if

    $\exists C \in \mathcal{C}_X(\Pi), \forall C' \in \mathcal{C}(\Pi), \forall C'' \in \mathcal{C}_X(\Pi): C' \not\supseteq C \preceq C'' \Rightarrow h[\![C']\!] \nleq h[\![C'']\!]$

  then

    if $\exists C \in \text{NEWCUT}(\Pi, e): h[\![C]\!]$ 是死锁 **then**

      output(deadlock); **exit**(0);

```
    endif
    Π := Π ∪ {e} ∪ {⟨p, e⟩|∀p ∈ t•}; ce := CE(Π, X);
    while ce ≠ ∅ do
        从 ce 中选择一个事件 e' = ⟨t', X'⟩;
        if
            ∀C ∈ C_{X'}(Π), ∃C' ∈ C(Π), ∃C'' ∈ C_{X'}(Π): C' ⪵ C ⪯ C'' ∧ h⟦C'⟧ ⩽ h⟦C''⟧
        then
            从 Π 中删除事件 e' 及其所有后继, 并且删除后的分支进程仍然记为 Π;
        endif
        ce := ce \ {e'};
    endwhile
    pe := 𝔼(Π);
else
    pe := pe \ {e};
endif
endwhile
output(no deadlock);
end
```

7.3　应用实例一: 哲学家就餐问题

7.3.1　哲学家就餐问题描述

哲学家就餐问题最早由图灵获得者 Dijkstra 提出, 后来由图灵奖获得者 Hoare [41] 给出形式化描述, 是一个用来描述计算机系统中多进程竞争使用有限的资源而导致死锁的抽象模型。

有 5 个哲学家围坐在圆形餐桌边, 有 5 把叉子, 每 2 个哲学家中间放一把叉子。开始时, 哲学家均处于思考状态。如果一个哲学家希望就餐, 必须先得到他左边的叉子, 再得到右边的叉子, 然后就餐, 就餐结束后, 将左边叉子放回左边、右边叉子放回右边并且哲学家又返回思考状态。这里, 一个哲学家实际上可代表一个进程, 这个进程分为若干执行步: 初始状态（思考）, 得到一个资源（左边叉子）, 再得到另一个资源（右边叉子）, 进行事务处理（就餐）, 最后释放资源, 进程结束（当然, 这里假设每个进程可以重复执行, 即哲学家就餐后返回思考状态）。

7.3.2　哲学家就餐问题的资源分配网模型

图 7.1 模拟了哲学家就餐问题。注: 这个 Petri 网模型与资源分配网有点差别,

就是模拟每个哲学家的进程的初始状态与终止状态相同，而实际上可以为每个进程建立一个汇库所 $p'_{j,1}$ 对应源库所 $p'_{j,1}$，从而形成一个 G-任务。这里维持了原貌，但不影响分析。

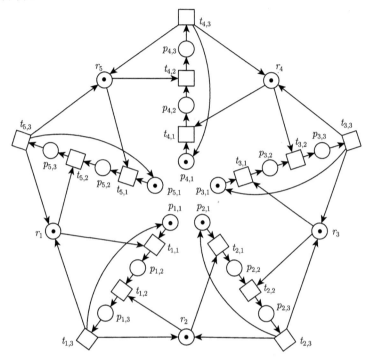

图 7.1　描述哲学家就餐问题的资源分配网：模型一

5 把叉子用 r_j 表示，$j \in \mathbb{N}_5^+$。$p_{j,1}$ 表示第 j 个哲学家处于思考状态，$p_{j,2}$ 表示第 j 个哲学家得到左边叉子，$p_{j,3}$ 表示第 j 个哲学家得到了右边叉子并进行就餐，$t_{j,3}$ 表示第 j 个哲学家释放叉子并返回初始状态。

7.3.3　基于元展分析哲学家就餐问题

图 7.2 展示了图 7.1 中 Petri 网模型的元展，在此元展中，切

$$\{c_{1,2}, c_{2,2}, c_{3,2}, c_{4,2}, c_{5,2}\}$$

恰好对应一个死锁，即每个哲学家拿到了左边的叉子，但都在等待右边的叉子。该元展有 40 个节点（包含 15 个事件变迁与 25 个条件库所）以及 50 条弧，而相应可达图具有 82 个节点以及 266 条弧，显然元展所用存储空间少。

针对资源分配系统，预防其死锁的策略有很多 [14,16,17,131,132,134,135]，它们均可以应用到哲学家就餐问题的死锁预防上，在此不再复述。但是，这里再介绍另一个哲学家就餐模型 [55]，该模型中考虑每一个哲学家可以并行地获取两边的叉子。

图 7.3 是相应的 Petri 网模型，而这一模型相对于前一个模型而言，并发地变迁大大增多（但网的规模增加很少）。然而，正如表 7.1 所示，它的可达图有 1364 个节点以及 6377 条弧，而它的元展（图 7.4），只有 65 个节点与 70 条弧。通过该元展可以发现，如下两个切

$$\{c_{1,4}, c_{2,4}, c_{3,4}, c_{4,4}, c_{5,4}\} 、 \{c_{1,5}, c_{2,5}, c_{3,5}, c_{4,5}, c_{5,5}\}$$

恰好对应两个死锁。

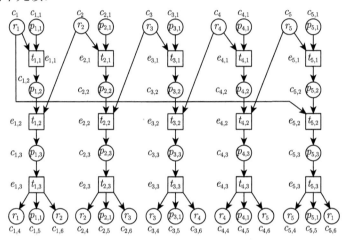

图 7.2　图 7.1 中 Petri 网模型的元展

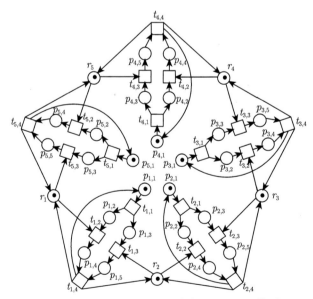

图 7.3　描述哲学家就餐问题的资源分配网：模型二

表 7.1   哲学家就餐问题模型的元展与可达图规模比较

哲学家就餐问题的模型	元展		可达图	
以及所在图	节点数	弧数	状态数	弧数
模型一（图 7.1）	40	50	82	266
模型二（图 7.3）	65	70	1364	6377

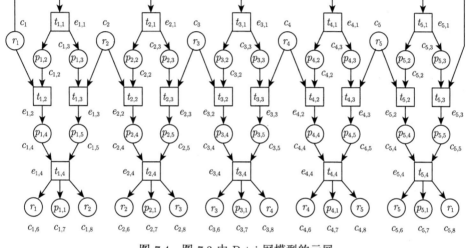

图 7.4   图 7.3 中 Petri 网模型的元展

7.4   应用实例二：柔性制造系统

7.4.1   柔性制造系统描述

柔性制造系统（flexible manufacturing systems）[70,76] 是指在一个生产车间中，有若干用于加工、制造、运输等方面的资源（如车床、机器人、导航车等），它们可以加工制造若干种不同的产品或半成品，每一个产品都有一组固定的资源进行处理，而同一个资源可以被用于不同产品的处理。

图 7.5（a）是一个柔性制造系统的示意图，包含 4 个机器（M_1、M_2、M_3、M_4），3 个机器人（R_1、R_2、R_3），3 个输入缓冲区以及 3 个输出缓冲区。输入缓冲区中放置待加工的原材料，输出缓冲区中放置加工好的产品。机器人将原材料从输入缓冲区移到机器上加工，或者将半成品从一台机器移到另一台机器上再加工，或者将成

品从机器上移到输出缓冲区。这里假设一个机器人一次只能移动一个原材料/半成品/部件。机器则对原材料或半成品进行加工处理。这里假设一个机器一次只能加工一个原材料/半成品。另外，当一个机器人将原材料/半成品移送给一台机器时，只有这台机器是空闲时（即机器没有加工任何原材料/半成品，并且加工完的半成品/成品已被移走），机器人才可将原材料/半成品放置到机器上，自己才变成空闲；同样，当一台机器加工完原材料/半成品后，只有加工成的半成品/成品被移走后，它才可以变成空闲。

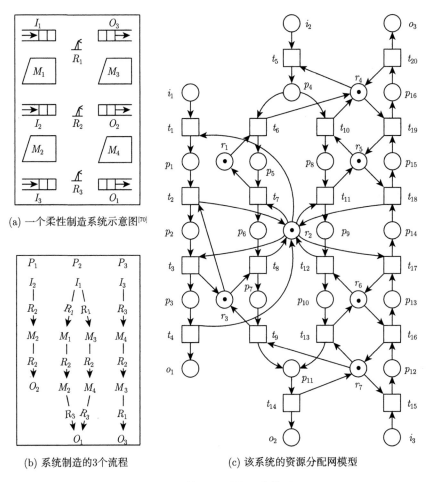

(a) 一个柔性制造系统示意图[70]

(b) 系统制造的3个流程　　　　(c) 该系统的资源分配网模型

图 7.5　柔性制造系统及其模型

这个柔性制造系统能够加工 3 种产品，如图 7.5（b）所示，3 种产品的制造过程如下所示。

(1) P_1：机器人 R_2 将输入缓冲区 I_1 中的原材料移到机器 M_2 上进行加工，加

工完的产品再由 R_2 移到输出缓冲区 O_2 中。

(2) P_2：机器人 R_1 将输入缓冲区 I_2 中的原材料移到机器 M_1 或 M_3 上进行加工，M_1 加工产生的半成品由机器人 R_2 移到机器 M_2 上继续加工，M_3 加工产生的半成品由机器人 R_2 移到机器 M_4 上继续加工，M_2 或 M_4 加工得到的成品由机器人 R_3 移到输出缓冲区 O_2 中。

(3) P_3：机器人 R_3 将输入缓冲区 I_3 中的原材料移到机器 M_4 上进行加工，加工完的半成品再由机器人 R_2 移到机器 M_3 上继续加工，M_3 加工产生的成品由机器人 R_1 移到输出缓冲区 O_3 中。

7.4.2 柔性制造系统的资源分配网模型

依据上述描述，制造过程与资源使用情况可由图 7.5（c）所示的资源分配网来模拟。资源库所 r_1、r_2、r_3、r_4、r_5、r_6、r_7 分别代表 M_1、R_2、M_2、R_1、M_3、M_4、R_3。图 7.5（c）左边的 G-任务模拟制造过程 P_1，中间的 G-任务模拟制造过程 P_2，右边的 G-任务模拟制造过程 P_3。这里，没有给定每个 G-任务的初始状态，因为现实中代加工的原材料也可以是不定的；然而，下面将考虑不同的初始状态。

7.4.3 基于元展分析柔性制造系统

正如哲学家就餐问题，由于这些制造过程间会产生占有资源而又等待其他资源的情况，造成互等的死锁状态。在此不再重复使用元展检测死锁的情况，而是考虑不同初始标识下，元展的规模与相应可达图规模的比较，如表 7.2 所示，元展的规模明显具有优势。注：P_1 过程同时最多可以处理 2 个，P_2 过程同时最多可以处理 7 个，P_3 最多可以处理 5 个，所以，i_1、i_2、i_3 配置的最大初始托肯数分别是 2、7、5。

表 7.2 图 7.5（c）所示资源分配网在不同初始标识下的元展与可达图规模

初始标识										元展		可达图	
i_1	i_2	i_3	r_1	r_2	r_3	r_4	r_5	r_6	r_7	节点数	弧数	状态数	弧数
1	1	1	1	1	1	1	1	1	1	102	123	243	493
2	2	2	1	1	1	1	1	1	1	375	492	3998	10316
2	3	3	1	1	1	1	1	1	1	714	956	14655	40202
2	4	4	1	1	1	1	1	1	1	1213	1648	34201	95656
2	5	5	1	1	1	1	1	1	1	1908	2622	62451	175878
2	6	5	1	1	1	1	1	1	1	2461	3408	80908	228390
2	7	5	1	1	1	1	1	1	1	3178	4434	99401	280974

第8章 基于元展的计算树逻辑公式检测

本章初步探索使用元展判定计算树逻辑公式，提出基于极大团的算法动态求解待标记的可达标识的集合，给出求解满足逻辑公式的切的集合的算法。这里只考虑有界 Petri 网的模型检测。

8.1 基于元展检测计算树逻辑的思路

本节回顾经典的模型检测 ——CTL 的思路，并简单概述基于元展验证 CTL 的思路。在经典的模型检测中 [31]，一般用标号变迁系统抽象地描述一个待验证的实际系统的行为，每个状态标记了在该状态下为真的原子命题，如图 8.1（a）所示；通常将一个标号变迁系统展开为一个计算树以表示其（串行的）运行行为，如图 8.1（b）所示；给定一个 CTL 公式，从内到外逐层标记相应的子公式在计算树上是否成立，如果对整个公式来说最终能够在根节点（即标号变迁系统的初始状态）处被标记为真，则说明该公式对这样一个系统来说是成立的，否则不成立。

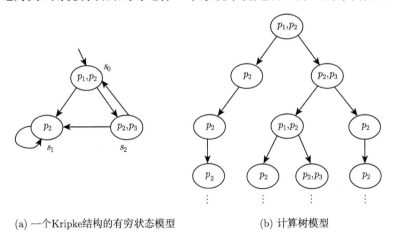

(a) 一个Kripke结构的有穷状态模型   (b) 计算树模型

图 8.1 模型检测示意图

下面简单介绍几个针对不同算子的标记算法的思想。

$\mathbf{AF}\varphi$ 的标记：

第一步，如果状态 s 被标记为 φ，则用 $\mathbf{AF}\varphi$ 标记状态 s；

第二步，如果状态 s 的所有直接后继状态都被标记为 $\mathbf{AF}\varphi$，则用 $\mathbf{AF}\varphi$ 标记

状态 s。

重复此过程直到所有状态标记无变化。

$\mathbf{E}(\varphi_1\mathbf{U}\varphi_2)$ 的标记：

第一步，如果状态 s 被标记为 φ_2，则用 $\mathbf{E}(\varphi_1\mathbf{U}\varphi_2)$ 标记状态 s；

第二步，如果状态 s 被标记 φ_1，且至少有一个后继状态被标记为 $\mathbf{E}(\varphi_1\mathbf{U}\varphi_2)$，则用 $\mathbf{E}(\varphi_1\mathbf{U}\varphi_2)$ 标记状态 s；

重复此过程直到所有状态标记无变化。

$\mathbf{EX}\varphi$ 的标记：

如果状态 s 至少存在一个直接后继被标记为 φ，则用 $\mathbf{EX}\varphi$ 标记状态 s。

给定一个待验证的 CTL 公式 ψ，从它的原子命题开始，对每个子公式 φ，都用 φ 标记所有使其为真的状态（换句话说，求出所有使其为真的状态集，记为 $\mathrm{sat}(\varphi)$），直至最终得到所有标记 ψ 的状态集（记为 $\mathrm{sat}(\psi)$）。如果初始状态在 $\mathrm{sat}(\psi)$ 中，则说明公式 ψ 在该模型中是可满足的，否则是不可满足的。

当使用 Petri 网为一个并发系统建模时，Petri 网的可达图可以看作模拟该并发系统串行行为的标号变迁系统，因此，在可达图之上就可以验证 CTL 公式。但是如果系统并发度过高，就会导致可达图状态爆炸，而元展可以缓解这一问题。

利用元展检测 CTL 公式，就是采取以时间换空间的方法，将验证过程中涉及的状态（即元展中的切）通过已知条件计算出来，然后对这些状态进行类似的标记。从传统的基于可达图的 CTL 的模型检测算法可知，需要对 CTL 公式 ψ 的每个子公式进行遍历，从原子命题直到 ψ。实际上，就是对 ψ 的语法分析树（图 8.2（a））进行从下而上的层次遍历直至根节点（图 8.2（b）~（f））。

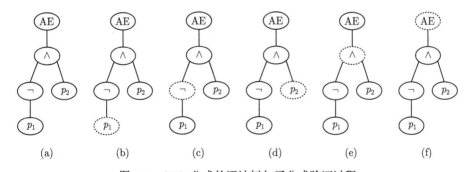

图 8.2　CTL 公式的语法树与子公式验证过程

（a）CTL 公式 $\mathbf{AE}(\neg p_1 \wedge p_2)$ 的语法树，（b）~（f）从底向上按层次依次求解

$\mathrm{sat}(p_1)$、$\mathrm{sat}(\neg p_1)$、$\mathrm{sat}(p_2)$、$\mathrm{sat}(\neg p_1 \wedge p_2)$ 与 $\mathrm{sat}(\mathbf{AE}(\neg p_1 \wedge p_2))$

因此，无论是基于标号变迁系统（Petri 网的可达图）还是基于 Petri 网的元展，验证 CTL 公式的宏观过程都是一样的（算法 8.1），而基于元展的方法的关键是在

元展中如何计算所需要的状态。

算法 8.1　基于元展的 CTL 模型检测

输入：元展 $O = (S, E, G, h)$、CTL 公式 ψ。

输出：true 或 false。

begin

生成 ψ 的语法树；

依据语法树可得到依次要标记的子公式序列 φ_1、φ_2、$\cdots$、$\varphi_n = \psi$；

依次求得 $\mathrm{sat}(\varphi_1)$、$\mathrm{sat}(\varphi_2)$、$\cdots$、$\mathrm{sat}(\varphi_n)$；

if $^\circ O \in \mathrm{sat}(\varphi_n)$ **then**

　　output(true);

else

　　output(false);

endif

end

因为 CTL 语法树的叶子节点均对应原子命题，所以，首要任务是标记原子命题，即求解包含每个原子命题的切集；而对于由原子命题复合而成的公式来说，也就是语法树中的非叶子节点来说，先求其孩子节点的标记，再依据这些标记以及该节点的算子特性、变迁发生规则等求解该节点的标记。

8.2　原子命题在元展上的标记算法

本节提出一个利用并发关系以及无向图极大团的方法来求解使原子命题 p 为真的状态集（切集）。正如前面所述，一个 CTL 公式中的原子命题为 Petri 网中的一个库所，库所被标识时意味着相应原子命题在该标识下为真，否则为假。又依据元展的完整性可知，一个 Petri 网的任意可达标识在其元展中都能找到相应的切与之对应。当然，由于一个可达标识可能是由不同的变迁序列导致的，所以，一个可达标识可能会对应元展中的多个切，而 Petri 网中的一个库所可能会对应元展中的多个条件库所。因此，给定 Petri 网的一个库所 p（对应一个原子命题），在元展中就对应一组条件库所，求解出元展中包含这组条件库所的切集为使原子命题 p 为真的状态集 $\mathrm{sat}(p)$。

8.2.1　求解元展中并发关系

因为一个切中的所有条件库所都处于并发关系，所以，我们的方法是先求出元展的关于条件库所的所有并发关系。这里采用文献 [144] 中的关系矩阵法。

在元展中，任何两个条件库所只能处于因果、冲突、并发三种关系中的一种，因此，只要找出了所有的处于因果关系的条件库所对以及处于冲突关系的条件库所对，剩下的为处于并发关系的条件库所对。可利用元展的关联矩阵来求解处于因果关系的条件库所对与处于冲突关系的条件库所对。为此，先定义两个数 x 与 y（其取值范围为 $\{-1,0,1\}$）的连接运算 $\diamond$（运算的结果为布尔值，为简单起见，true 用 1 表示，false 用 0 表示）：

$$x \diamond y = \begin{cases} 1, & x = -1 \land y = 1 \\ 0, & \text{其他} \end{cases}$$

连接运算可以推广到两个矩阵上。令 $A_{m \times k}$ 与 $B_{k \times n}$ 是两个矩阵，矩阵元素取值范围为 $\{-1,0,1\}$，则定义两个矩阵的连接运算如下 [144]：

$$J_{m \times n} = A_{m \times k} \diamond B_{k \times n}$$

式中，$\forall x \in \mathbb{N}_m^+$，$\forall y \in \mathbb{N}_n^+$：

$$\begin{aligned} J(x,y) &= \bigvee_{l=1}^{k} A(x,l) \diamond B(l,y) \\ &= A(x,1) \diamond B(1,y) \lor A(x,2) \diamond B(2,y) \lor \cdots \lor A(x,k) \diamond B(k,y) \end{aligned}$$

注解 8.1 此处算子 $\diamond$ 的优先级高于算子 $\lor$。

基于连接运算，可以求出元展中的所有处于因果关系的条件库所对。令

$$U_{|E| \times |C|}$$

是一个元展的关联矩阵。显然，矩阵

$$U^{\mathrm{T}} \diamond U$$

表示了所有相邻接的条件库所对，其中，U^{T} 是矩阵 U 的转置。

两个条件库所相邻接当且仅当存在一个事件变迁满足它既是前一个条件库所的输出（在 U^{T} 的相应位置上是 -1）又是后一个条件库所的输入（在 U 的相应位置上是 1），这也是在定义连接运算时要求前一个操作数是 -1 后一个操作数是 1 的原因。显然，连接运算不满足交换律。因此，因果关系矩阵也不满足对称性。相邻接的两个条件库所意味着它们有直接的因果关系。

注解 8.2 如果求事件变迁间的因果关系，则要求前一个操作数是 1 而后一个是 -1 [144]，即

$$x \diamond y = \begin{cases} 1, & x = 1 \land y = -1 \\ 0, & \text{其他} \end{cases}$$

并且相应的因果关系矩阵为

$$U \diamond U^{\mathrm{T}}$$

例 8.1   图 4.6 (a) 中的元展[①]的关联矩阵为

$$
U = \begin{bmatrix}
-1 & 0 & 1 & 0 & 0 & 0 & 0 & 0 & 0 & 0 & 0 & 0 & 0 \\
-1 & 0 & 0 & 1 & 0 & 0 & 0 & 0 & 0 & 0 & 0 & 0 & 0 \\
0 & -1 & 0 & 0 & 1 & 0 & 0 & 0 & 0 & 0 & 0 & 0 & 0 \\
0 & 0 & -1 & 0 & -1 & 1 & 1 & 0 & 0 & 0 & 0 & 0 & 0 \\
0 & 0 & 0 & -1 & -1 & 0 & 0 & 1 & 1 & 0 & 0 & 0 & 0 \\
0 & 0 & 0 & 0 & 0 & -1 & 0 & 0 & 0 & 1 & 0 & 0 & 0 \\
0 & 0 & 0 & 0 & 0 & 0 & -1 & 0 & 0 & 0 & 1 & 0 & 0 \\
0 & 0 & 0 & 0 & 0 & 0 & 0 & -1 & 0 & 0 & 0 & 1 & 0 \\
0 & 0 & 0 & 0 & 0 & 0 & 0 & 0 & -1 & 0 & 0 & 0 & 1 \\
\end{bmatrix}
$$

所以，条件库所的直接因果关系矩阵为

$$
U^{\mathrm{T}} \diamond U = \begin{bmatrix}
0 & 0 & 1 & 1 & 0 & 0 & 0 & 0 & 0 & 0 & 0 & 0 & 0 \\
0 & 0 & 0 & 0 & 1 & 0 & 0 & 0 & 0 & 0 & 0 & 0 & 0 \\
0 & 0 & 0 & 0 & 0 & 1 & 1 & 0 & 0 & 0 & 0 & 0 & 0 \\
0 & 0 & 0 & 0 & 0 & 0 & 0 & 1 & 1 & 0 & 0 & 0 & 0 \\
0 & 0 & 0 & 0 & 0 & 1 & 1 & 1 & 1 & 0 & 0 & 0 & 0 \\
0 & 0 & 0 & 0 & 0 & 0 & 0 & 0 & 0 & 1 & 0 & 0 & 0 \\
0 & 0 & 0 & 0 & 0 & 0 & 0 & 0 & 0 & 0 & 1 & 0 & 0 \\
0 & 0 & 0 & 0 & 0 & 0 & 0 & 0 & 0 & 0 & 0 & 1 & 0 \\
0 & 0 & 0 & 0 & 0 & 0 & 0 & 0 & 0 & 0 & 0 & 0 & 1 \\
0 & 0 & 0 & 0 & 0 & 0 & 0 & 0 & 0 & 0 & 0 & 0 & 0 \\
0 & 0 & 0 & 0 & 0 & 0 & 0 & 0 & 0 & 0 & 0 & 0 & 0 \\
0 & 0 & 0 & 0 & 0 & 0 & 0 & 0 & 0 & 0 & 0 & 0 & 0 \\
0 & 0 & 0 & 0 & 0 & 0 & 0 & 0 & 0 & 0 & 0 & 0 & 0 \\
\end{bmatrix}
$$

该矩阵显然表示 c_1 与 c_3、c_1 与 c_4、c_2 与 c_5、c_3 与 c_6、c_3 与 c_7、c_4 与 c_8、c_4 与 c_9、c_5 与 c_6、c_5 与 c_7、c_5 与 c_8、c_5 与 c_9、c_6 与 c_{10}、c_7 与 c_{11}、c_8 与 c_{12}、c_9 与 c_{13} 有直接的因果关系，与图 8.3 所示情况相符。

由于因果关系具有传递性，所以，利用 Warshall 算法 [144, 162] 很容易求出所有的处于因果关系的条件库所对。

①为便于阅读，将该图再次放置在这里，如图 8.3 所示。

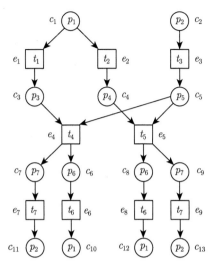

图 8.3 图 4.6（a）所示的元展

如例 8.1 所示，使用 Warshall 算法求出的条件库所的因果关系矩阵为

$$\text{Warshall}(U^{\mathrm{T}} \diamond U) = \begin{bmatrix} 0 & 0 & 1 & 1 & 0 & 1 & 1 & 1 & 1 & 1 & 1 & 1 & 1 \\ 0 & 0 & 0 & 0 & 1 & 1 & 1 & 1 & 1 & 1 & 1 & 1 & 1 \\ 0 & 0 & 0 & 0 & 0 & 1 & 1 & 0 & 0 & 1 & 1 & 0 & 0 \\ 0 & 0 & 0 & 0 & 0 & 0 & 0 & 1 & 1 & 0 & 0 & 1 & 1 \\ 0 & 0 & 0 & 0 & 0 & 1 & 1 & 1 & 1 & 1 & 1 & 1 & 1 \\ 0 & 0 & 0 & 0 & 0 & 0 & 0 & 0 & 0 & 1 & 0 & 0 & 0 \\ 0 & 0 & 0 & 0 & 0 & 0 & 0 & 0 & 0 & 0 & 1 & 0 & 0 \\ 0 & 0 & 0 & 0 & 0 & 0 & 0 & 0 & 0 & 0 & 0 & 1 & 0 \\ 0 & 0 & 0 & 0 & 0 & 0 & 0 & 0 & 0 & 0 & 0 & 0 & 1 \\ 0 & 0 & 0 & 0 & 0 & 0 & 0 & 0 & 0 & 0 & 0 & 0 & 0 \\ 0 & 0 & 0 & 0 & 0 & 0 & 0 & 0 & 0 & 0 & 0 & 0 & 0 \\ 0 & 0 & 0 & 0 & 0 & 0 & 0 & 0 & 0 & 0 & 0 & 0 & 0 \\ 0 & 0 & 0 & 0 & 0 & 0 & 0 & 0 & 0 & 0 & 0 & 0 & 0 \end{bmatrix}$$

该矩阵显然表示了图 8.3 中所有处于因果关系的条件库所对。为了便于叙述，记因果关系矩阵为 $J_<$，即

$$J_< = \text{Warshall}(U^{\mathrm{T}} \diamond U)$$

基于因果关系矩阵，利用冲突关系的定义，很容易求出所有的处于冲突关系的条件库所对，见算法 8.2。冲突关系矩阵记为 $J_\#$，是一个 $|C| \times |C|$ 的对称方阵。

算法 8.2　求冲突关系矩阵的算法

输入: 元展 (S, E, G, h) 及其关联矩阵 U 与因果关系矩阵 $J_<$。

输出: 冲突关系矩阵 $J_\#$。

begin

CP $:= \varnothing$; // 初始化为空集

CP$' := \{(x, y)|x, y \in S \wedge (\exists e_1, e_2 \in E : e_1 \neq e_2 \wedge {}^\bullet e_1 \cap {}^\bullet e_2 \neq \varnothing \wedge x \in e_1^\bullet \wedge y \in e_2^\bullet)\}$;

　　　　// CP$'$ 是处于直接冲突关系的条件库所对的集合

for 每一对 $(x, y) \in$ CP$'$ **do** // 与 x、y 有因果关系的条件库所均是冲突关系

　　$C_x := \{x \in S\} \cup \{c|J_<(x, c) = 1\}$; // 与 x 形成因果关系的条件库所的集合

　　$C_y := \{y \in S\} \cup \{c|J_<(y, c) = 1\}$; // 与 y 形成因果关系的条件库所的集合

　　CP $:=$ CP $\cup C_x \times C_y \cup C_y \times C_x$;

endfor

for 每一个 $x \in S$ **do**

　　for 每一个 $y \in S$ **do**

　　　　if $(x, y) \in$ CP **then**

　　　　　　$J_\#(x, y) = 1$;

　　　　else

　　　　　　$J_\#(x, y) = 0$;

　　　　endif

　　endfor

endfor

end

如例 8.1 所示, 条件库所的冲突关系矩阵为

$$J_\# = \begin{bmatrix}
0 & 0 & 0 & 0 & 0 & 0 & 0 & 0 & 0 & 0 & 0 & 0 & 0 \\
0 & 0 & 0 & 0 & 0 & 0 & 0 & 0 & 0 & 0 & 0 & 0 & 0 \\
0 & 0 & 0 & 1 & 0 & 0 & 0 & 1 & 1 & 0 & 0 & 1 & 1 \\
0 & 0 & 1 & 0 & 0 & 1 & 1 & 0 & 0 & 1 & 1 & 0 & 0 \\
0 & 0 & 0 & 0 & 0 & 0 & 0 & 0 & 0 & 0 & 0 & 0 & 0 \\
0 & 0 & 0 & 1 & 0 & 0 & 0 & 1 & 1 & 0 & 0 & 1 & 1 \\
0 & 0 & 0 & 1 & 0 & 0 & 0 & 1 & 1 & 0 & 0 & 1 & 1 \\
0 & 0 & 1 & 0 & 0 & 1 & 1 & 0 & 0 & 1 & 1 & 0 & 0 \\
0 & 0 & 1 & 0 & 0 & 1 & 1 & 0 & 0 & 1 & 1 & 0 & 0 \\
0 & 0 & 0 & 1 & 0 & 0 & 0 & 1 & 1 & 0 & 0 & 1 & 1 \\
0 & 0 & 0 & 1 & 0 & 0 & 0 & 1 & 1 & 0 & 0 & 1 & 1 \\
0 & 0 & 1 & 0 & 0 & 1 & 1 & 0 & 0 & 1 & 1 & 0 & 0 \\
0 & 0 & 1 & 0 & 0 & 1 & 1 & 0 & 0 & 1 & 1 & 0 & 0
\end{bmatrix}$$

上面求出的矩阵与图 8.3 所示冲突关系一致。依据因果关系矩阵与冲突关系矩阵，很容易求出条件库所的并发关系矩阵，得到所有的处于并发关系的条件库对。条件库所的并发关系矩阵求解如下：

$$J_{\parallel} = \sim (J_< \vee J_<^{\mathrm{T}} \vee J_\# \vee I)$$

式中，I 为单位矩阵；$\sim$ 为补运算；$\vee$ 为两个矩阵中对应元素的布尔或运算。

如例 8.1 所示，条件库所的并发关系矩阵为

$$J_{\parallel} = \begin{bmatrix}
0 & 1 & 0 & 0 & 1 & 0 & 0 & 0 & 0 & 0 & 0 & 0 & 0 & 0 \\
1 & 0 & 1 & 1 & 0 & 0 & 0 & 0 & 0 & 0 & 0 & 0 & 0 & 0 \\
0 & 1 & 0 & 0 & 1 & 0 & 0 & 0 & 0 & 0 & 0 & 0 & 0 & 0 \\
0 & 1 & 0 & 0 & 1 & 0 & 0 & 0 & 0 & 0 & 0 & 0 & 0 & 0 \\
1 & 0 & 1 & 1 & 0 & 0 & 0 & 0 & 0 & 0 & 0 & 0 & 0 & 0 \\
0 & 0 & 0 & 0 & 0 & 0 & 1 & 0 & 0 & 0 & 1 & 0 & 0 & 0 \\
0 & 0 & 0 & 0 & 0 & 1 & 0 & 0 & 0 & 1 & 0 & 0 & 0 & 0 \\
0 & 0 & 0 & 0 & 0 & 0 & 0 & 0 & 1 & 0 & 0 & 0 & 0 & 1 \\
0 & 0 & 0 & 0 & 0 & 0 & 0 & 1 & 0 & 0 & 0 & 1 & 0 & 0 \\
0 & 0 & 0 & 0 & 0 & 0 & 1 & 0 & 0 & 0 & 1 & 0 & 0 & 0 \\
0 & 0 & 0 & 0 & 0 & 0 & 1 & 0 & 0 & 0 & 1 & 0 & 0 & 0 \\
0 & 0 & 0 & 0 & 0 & 0 & 0 & 0 & 1 & 0 & 0 & 0 & 0 & 1 \\
0 & 0 & 0 & 0 & 0 & 0 & 0 & 1 & 0 & 0 & 0 & 1 & 0 & 0 \\
\end{bmatrix}$$

显然，上述并发关系矩阵展示的条件库所并发对与图 8.3 相一致。给定一个/组条件库所（当然，这里可只考虑对应原子命题的条件库所），为求得包含它们的所有切，则只需考虑这些条件库所以及与它们有并发关系的条件库所即可，这是因为包含一个已知条件库所的切中的其他条件库所一定与它有并发关系。

8.2.2 基于无向图极大团求解切

给定一个条件库所 c，依据元展所求出的并发关系矩阵 $J_{\parallel}$，就可以构造一个无向图 (V, D)：

(1) $V = \{c\} \cup \{x | J_{\parallel}(x, c) = 1\}$。

(2) $\forall c, c' \in V$：$(c, c') \in D$ 当且仅当 $J_{\parallel}(c, c') = 1$。

换句话说，所构造的无向图的节点为给定的条件库所以及与它有并发关系的那些条件库所，而两个节点有一条无向边相连接当且仅当这两个节点对应的条件库所处于并发关系中。

为便于叙述，该无向图称作由条件库所 c 生成的并发无向图（concurrent undirected graph）。事实很明显，并发无向图中的一个极大团为包含该条件库所的

一个切, 并且反之亦然。无向图的一个完全子图称作该无向图的一个团 (clique); 如果一个团不能被一个更大的团所包含, 则称它为一个极大团 (maximal clique)[163]。

定理 8.1　　给定元展中的一个条件库所 c 以及所构造的并发无向图 (V, D), 则元展中包含 c 的一个切是并发无向图中的一个极大团, 而无向图中的一个极大团是元展中包含 c 的一个切。

上述定理显然是成立的, 只不过需要注意的是: 并发无向图中的某个极大团是否能够不包含 c? 这显然是不可能的: 如果某个极大团不包含 c, 由于 c 与这个极大团中的每个条件库所都处于并发关系中, 即这个极大团中的每个条件库所都与 c 有边关联, 所以, 将 c 加入到这个极大团中仍然形成一个团, 这与极大团的定义相矛盾。

由一个条件库所生成的并发无向图的定义, 可以被扩展到一组条件库所, 并且这个扩展也是必要的: 因为一个原子命题 p 可能对应元展中的多个条件库所, 所以要标记 p 时, 应当把对应这些条件库所的切均找出来。

给定一组条件库所 $\{c_1, c_2, \cdots, c_k\}$, 依据元展所求出的并发关系矩阵 $J_\parallel$, 就可以构造一个无向图 (V, D):

(1) $V = \bigcup_{j=1}^{k}\{x | J_\parallel(x, c_j) = 1\} \cup \{c_1, c_2, \cdots, c_k\}$。

(2) $(c, c') \in D$ 当且仅当 $J_\parallel(c, c') = 1$。

例 8.2　　考虑图 8.3 所示元展的条件库所 c_2、c_{11} 与 c_{13}, 它们均对应原网中的库所 p_2, 与它们存在并发关系的条件库所分别为 $\{c_1, c_3, c_4\}$、$\{c_6, c_{10}\}$、$\{c_8, c_{12}\}$, 所以, 所构造的并发无向图如图 8.4 (a) 所示。显然, 该并发无向图中的极大团有 $\{c_2, c_1\}$、$\{c_2, c_3\}$、$\{c_2, c_4\}$、$\{c_{11}, c_6\}$、$\{c_{11}, c_{10}\}$、$\{c_{13}, c_8\}$ 与 $\{c_{13}, c_{12}\}$, 恰好对应包含 c_2、c_{11} 与 c_{13} 的 7 个切。

上述例子较为简单, 每个极大团只包含一条边。下面再举一个复杂例子, 包含多条边的极大团。

例 8.3　　考虑图 4.3 (a) 所示元展的条件库所 c_8 与 c_{11}, 它们均对应原网中的库所 p_5, 与它们存在并发关系的条件库所分别为 $\{c_6, c_7, c_{10}\}$ 以及 $\{c_9, c_{10}, c_{13}\}$。所以, 所构造的并发无向图如图 8.4 (b) 所示。显然, 该并发无向图中的极大团有 $\{c_6, c_7, c_8\}$、$\{c_7, c_8, c_{12}\}$、$\{c_9, c_{10}, c_{11}\}$ 与 $\{c_{10}, c_{11}, c_{13}\}$, 恰好对应包含 c_8、c_{11} 的 4 个切。

为了标记带有 ¬ 算子的公式, 还需要求出所有的切, 即依据 $J_\parallel$ 构造并发无向图, 它的所有极大团为元展中所有的切。下面给出一个策略来避免事先求出所有的切。

例 8.4　　图 8.4 (c) 是由图 8.3 所示元展的所有条件库所生成的并发无向图。显然, 图 8.4 (c) 中的每一条边关联的两个点都是一个极大团, 恰好对应了图 8.3 所示元展的所有切。

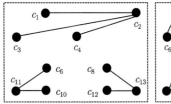
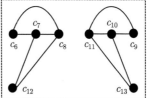

(a) 由图8.3中的条件库所c_2、c_{11}
与c_{13}生成的并发无向图

(b) 由图4.3(a)中的条件库所c_8与
c_{11}生成的并发无向图

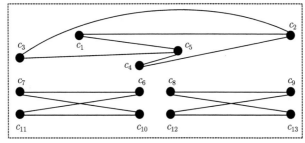

(c) 由图8.3中的所有条件库所生成的并发无向图

图 8.4 极大团与切的关系示例

极大团的求解可以利用 Bron-Kerbosch 算法[163]，在此不再复述。下面给出标记一个原子命题的算法。

8.2.3 原子命题的标记

给定一个原子命题（Petri 网中的一个库所 p），利用元展求出 p 所对应的条件库所以及与这些条件库所有并发关系的那些条件库所，然后转换为相应的并发无向图，再利用 Bron-Kerbosch 算法求出切集，该切集为 sat(p)。注：实际上，并发关系矩阵 $J_{\parallel}$ 中对应这些条件库所的子阵为并发无向图的邻接矩阵，因此，在此邻接矩阵上执行 Bron-Kerbosch 算法即可。算法 8.3 描述了求解 sat(p) 的过程。

算法 8.3 原子命题 p 的标记算法

输入：元展 $O = (S,\ E,\ G,\ h)$、原子命题 p、并发关系矩阵 $J_{\parallel}$。

输出：sat(p)。

begin

求出 p 在 O 中对应的条件库所集 C_p；

依据并发关系矩阵 $J_{\parallel}$ 求出与 C_p 中的条件库所处于并发关系的条件库所集 CP_p；

$V := C_p \cup \mathrm{CP}_p$；

依据 V 与 $J_{\parallel}$ 求出并发无向图 (V, D)；

依据 (V, D) 与 Bron-Kerbosch 算法，求出 sat(p)；

end

前面的一些例子已经展示了求解的过程，后面还会给出求解原子命题标注的一些例子，所以，此处不再举例。

8.3　经典逻辑算子在元展上的标记算法

这里给出经典逻辑算子的标记算法，包括 ¬、∨ 以及 ∧。

8.3.1　¬φ 的标记

给定一个 CTL 公式 $\psi = \neg\varphi$，已知 φ 的标记已求出（记为 sat(φ)），则 ψ 的标记为全体的状态减去 sat(φ)：

$$\mathrm{sat}(\psi) = \mathrm{sat}(S) \setminus \mathrm{sat}(\varphi)$$

式中，sat(S) 为元展中的所有切的集合。所以，只需依据元展求出所有的切，然后减去 sat(φ) 为 sat(ψ)。如果按此思路，就等于用可达图（事先存储好所有的状态）检测 CTL，还是造成状态空间爆炸。因此，可以采取如下策略避免上述做法：在用 Bron-Kerbosch 算法求元展的所有切的过程中，每求得一个切（即极大团），则判定它是否在 sat(φ) 中：如果在，则不放入 sat(ψ) 中；如果不在，则放入 sat(ψ) 中。该算法容易在 Bron-Kerbosch 算法的基础上实现，在此不再叙述。

8.3.2　$\varphi_1 \vee \varphi_2$ 的标记

给定一个 CTL 公式 $\psi = \varphi_1 \vee \varphi_2$，已知 φ_1 与 φ_2 的标记已求出，分别记为 sat(φ_1) 与 sat(φ_2)，则 ψ 的标记为

$$\mathrm{sat}(\psi) = \mathrm{sat}(\varphi_1) \cup \mathrm{sat}(\varphi_2)$$

8.3.3　$\varphi_1 \wedge \varphi_2$ 的标记

给定一个 CTL 公式 $\psi = \varphi_1 \wedge \varphi_2$，已知 φ_1 与 φ_2 的标记已求出，分别记为 sat(φ_1) 与 sat(φ_2)，则 ψ 的标记为

$$\mathrm{sat}(\psi) = \mathrm{sat}(\varphi_1) \cap \mathrm{sat}(\varphi_2)$$

后面的一些例子会涉及这些算子的一些公式的标注，所以，此处不再举例。

8.4　时序算子在元展上的标记算法

这里给出时序算子的标记算法，包括 **EX**、**EF**、**EU**、**AX**、**AF** 与 **AU**。

8.4.1 $\mathbf{EX}\varphi$ 的标记

给定一个 CTL 公式 $\psi = \mathbf{EX}\varphi$，如果一个状态能够被标记为 ψ，则意味着存在该状态的一个直接后继状态使得 φ 为真。因此，在已知 φ 的标记集 $\mathrm{sat}(\varphi)$ 的情况下，要求解 $\mathrm{sat}(\psi)$，则需要考虑两种情况。

情况 1：$\mathrm{sat}(\varphi)$ 中的每个切的直接前驱应当被标记为 ψ。

情况 2：由于元展中存在剪枝的原因，所以对第一种情况中被标记的某个切来说，可能会在元展中还存在某个/些切与被标记的那个切对应同一标识、但这个/些切并不属于 $\mathrm{sat}(\varphi)$ 的直接前驱，但显然，这些切也应当被标记为 ψ。例如，考虑图 8.3 中的 $\mathbf{EX}(p_1 \wedge p_5)$ 的求解：显然，$\mathrm{sat}(p_1 \wedge p_5) = \{\{c_1, c_5\}\}$，而 $\{c_1, c_5\}$ 的直接前驱只有 $\{c_1, c_2\}$，显然 $\{c_1, c_2\}$ 应当被标记为 $\mathbf{EX}(p_1 \wedge p_5)$，但是，$\{c_{10}, c_{11}\}$ 与 $\{c_{12}, c_{13}\}$ 也应当被标记为 $\mathbf{EX}(p_1 \wedge p_5)$，因为 $\{c_1, c_2\}$、$\{c_{10}, c_{11}\}$ 与 $\{c_{12}, c_{13}\}$ 均对应标识 $[\![p_1, p_2]\!]$。

因此，此处的关键点有两个。

(1) 给定一个切，如何在元展中求出它的所有直接前驱？

(2) 给定一个切，如何在元展中求出所有与它对应同一标识的切？

依据直接前驱的定义，容易知道：如果存在一个事件变迁，它的输出条件库所包含在该切中，则将这些输出条件库所从该切中删除、再将该事件的输入条件库所加入进去，就形成该切的一个直接前驱。算法 8.4 描述了求一个切的直接前驱集的过程。

算法 8.4 求切的所有直接前驱的算法

输入：元展 $O = (S,\ E,\ G,\ h)$、切 X。

输出：X 的直接前驱集 $\mathrm{dpre}(X)$。

begin

$\mathrm{dpre}(X) := \varnothing;$

for 每一个 $e \in E$ **do**

    if $e^{\bullet} \subseteq X$ **then**

        $\mathrm{dpre}(X) := \mathrm{dpre}(X) \cup \{(X \setminus e^{\bullet}) \cup {}^{\bullet}e\};$

    endif

endfor

end

实际上，算法 8.4 不需遍历所有事件变迁：如果为每个条件库所建立一个链表，指出所关联的事件变迁，则给出一个切 X，就可以快速求出所要遍历的事件变迁集，从而避免每次都要遍历所有事件变迁的情况。

　　算法 8.5 描述了求解与给定切对应同一标识的切的集合的过程: 首先是求出元展中所有与给定切的元素对应相同库所的条件库所集, 然后再由并发关系矩阵生成并发无向图, 最终基于 Bron-Kerbosch 算法求出所有符合要求的切。值得注意的是, 算法 8.5 在求解与给定切对应同一标识的切的集合时, 使得给定的切也在这个集合中。

算法 8.5　求与给定切对应同一标识的切集的算法

输入: 元展 $O = (S, E, G, h)$、切 X。

输出: 与 X 对应同一标识的切集 $sm(X)$。

begin

$V := X$;

for 每一个 $x \in X$ **do**　// 求元展中与 X 的元素对应相同库所的条件库所集

　　for 每一个 $c \in S \setminus X$ **do**

　　　　if $h(x) = h(c)$ **then**

　　　　　　$V := V \cup \{c\}$;

　　　　endif

　　endfor

endfor

依据 V 与 $J_{\parallel}$ 求出并发无向图 (V, D);

依据 (V, D) 与 Bron-Kerbosch 算法, 求出 $sm(X)$;

end

　　算法 8.6 描述了求解 $sat(\mathbf{EX}\varphi)$ 的过程。在该算法中值得注意的是, 对于 X 的每一个直接前驱 Y 来说, 总有 $Y \in sm(Y)$, 即

$$dpre(X) \subseteq \bigcup_{Y \in dpre(X)} sm(Y)$$

所以, 该算法中没有必要在求出 $dpre(X)$ 时将其并入 $sat(\psi)$ 中, 而只需要将所有的 $sm(Y)$ 并入 $sat(\psi)$ 中即可。

算法 8.6　$\psi = \mathbf{EX}\varphi$ 的标记算法

输入: 元展 $O = (S, E, G, h)$、CTL 公式 $\psi = \mathbf{EX}\varphi$、$sat(\varphi)$。

输出: $sat(\psi)$。

begin

$sat(\psi) := \varnothing$;

for 每一个 $X \in sat(\varphi)$ **do**

　　依据算法 8.4 计算 X 的直接前驱集 $dpre(X)$;

for 每一个 $Y \in \mathrm{dpre}(X)$ **do**

　　依据算法 8.5 计算与 Y 对应同一标识的切集 $\mathrm{sm}(Y)$;

　　$\mathrm{sat}(\psi) := \mathrm{sat}(\psi) \cup \mathrm{sm}(Y)$;

endfor

endfor

end

例 8.5　　依据图 8.3 中的元展求解 $\mathrm{sat}(\mathbf{EX}p_2)$。原子命题 p_2 对应该元展中的条件库所 c_2、c_{11} 与 c_{13}。所以,依据原子命题的标记算法可求得

$$\mathrm{sat}(p_2) = \{\{c_1, c_2\}, \{c_2, c_3\}, \{c_2, c_4\}, \{c_6, c_{11}\}, \{c_{10}, c_{11}\}, \{c_8, c_{13}\}, \{c_{12}, c_{13}\}\}$$

再依据直接前驱求解算法以及 **EX** 的标记算法可求得

$$\mathrm{sat}(\mathbf{EX}p_2) = \{\{c_1, c_2\}, \{c_6, c_7\}, \{c_6, c_{11}\}, \{c_7, c_{10}\}, \{c_8, c_9\}, \{c_8, c_{13}\}, \{c_9, c_{12}\},$$
$$\{c_{10}, c_{11}\}, \{c_{12}, c_{13}\}\}$$

注: $\{c_{10}, c_{11}\}$ 与 $\{c_{12}, c_{13}\}$ 也在 $\mathrm{sat}(\mathbf{EX}p_2)$ 中,并不是因为它们是 $\mathrm{sat}(p_2)$ 的直接前驱,而是因为它们与直接前驱 $\{c_1, c_2\}$ 对应同一标识。显然,$^\circ O = \{c_1, c_2\} \in \mathrm{sat}(\mathbf{EX}p_2)$;所以,$\mathbf{EX}p_2$ 对该系统 (图 2.1) 来说是可满足的。

8.4.2　**EF**φ 的标记

给定一个 CTL 公式 $\psi = \mathbf{EF}\varphi$,已知 $\mathrm{sat}(\varphi)$ 已求出。如果一个状态被标记为 φ,则该状态本身以及它的所有前驱均要标记为 ψ。因此,只需对 $\mathrm{sat}(\varphi)$ 中的每一个切,求出它的所有前驱即可。

可以利用算法 8.4 中求解直接前驱的方法,去求解直接前驱的直接前驱,直到不再有新的直接前驱出现。当然,类似于算法 8.6,求出直接前驱后还要求与一个直接前驱对应相同标识的那些切。算法中可以使用一个队列,将新生成的前驱排队放入。这里存在这样一个问题:$\mathrm{sat}(\varphi)$ 中的两个切可能具有相同的一个直接前驱,或者所求的两个新的前驱可能有相同的直接前驱。因此,当求出一个直接前驱后,可检测此直接前驱是否已经存在,如果存在就不再放入队列。另外,由于元展中的每个切都是 $^\circ O$ 的一个后继,而 $^\circ O$ 不再有直接前驱,所以,当 $^\circ O$ 被求出来是一个直接前驱时,就不用再放入队列中。算法 8.7 描述了求解 $\mathrm{sat}(\mathbf{EF}\varphi)$ 的过程。

算法 8.7　$\psi = \mathbf{EF}\varphi$ 的标记算法

输入: 元展 $O = (S, E, G, h)$、CTL 公式 $\psi = \mathbf{EF}\varphi$、$\mathrm{sat}(\varphi)$。

输出: $\mathrm{sat}(\psi)$。

begin

if sat(φ) = $\varnothing$ then

 sat(ψ) := $\varnothing$; //φ 的标记为空，则 **EF**φ 的标记也为空

else

 sat(ψ) := $^{\circ}O$; //φ 的标记不为空时，$^{\circ}O$ 一定会被标记为 **EF**φ

 将 sat(φ) 中的元素放入队列 Q 中；

 while $Q \neq \varnothing$ do

  移除队列首部元素，记队首元素为 X，此时 Q 变为 $Q \setminus \{X\}$；

  sat(ψ) := sat(ψ) $\cup \{X\}$；

  依据算法 8.4 计算 X 的直接前驱集 dpre(X)；

  for 每一个 $Y \in$ dpre(X) do

   if $Y \neq {}^{\circ}O$ and $Y \notin$ sat(ψ) and $Y \notin Q$ then

    依据算法 8.5 求出与 Y 对应同一标识的切集 sm(Y)；

    将 sm(Y) 的元素插入到队列 Q 的尾部，此时 Q 变为 $Q \cup$ sm(Y)；

   endif

  endfor

 endwhile

endif

end

例 8.6 依据图 8.3 中的元展求 sat(**EF**p_2)。由例 8.5 知

$$sat(p_2) = \{\{c_1, c_2\}, \{c_2, c_3\}, \{c_2, c_4\}, \{c_6, c_{11}\}, \{c_{10}, c_{11}\}, \{c_8, c_{13}\}, \{c_{12}, c_{13}\}\}$$

再依据算法 8.7 可求得 sat(**EF**p_2) 为全体切。所以，**EF**p_2 对该系统（图 2.1 所示）来说是可满足的。

值得注意的是，如果要检测一个 CTL 公式 **EF**φ 在一个系统中是否是可满足的，理论上只需判定 sat(φ) 是否为空即可（如果不为空，则 **EF**φ 必是可满足的，否则 **EF**φ 必是不可满足的），换句话说，只需求出 sat(φ) 而不必去求 sat(**EF**φ)。但从检测算法的一般性上来说，即 **EF**φ 是待验证的公式的一个子公式，则还是需要求出 sat(**EF**φ)。

8.4.3　E[φ_1Uφ_2] 的标记

给定一个 CTL 公式 $\psi = $ **E**[φ_1**U**φ_2]，已知 sat(φ_1) 与 sat(φ_2) 已求出，则 sat(φ_2) 中的所有切均需被标记为 **E**[φ_1**U**φ_2]；然后，对 sat(φ_2) 中的每一个切来说，先求出它的所有直接前驱以及对应相同标识的切；如果一个直接前驱或具有相同标识的切被标记为 φ_1，则该直接前驱就应当被标记为 **E**[φ_1**U**φ_2]；针对每一个被标记为 **E**[φ_1**U**φ_2] 的切来说，再求出它的所有直接前驱以及对应相同标识的切，重复上述

标记过程，直到求出的直接前驱中没有被 φ_1 标记或者再无直接前驱。注意：如果 $\text{sat}(\varphi_2) = \varnothing$，则 $\text{sat}(\psi) = \varnothing$。算法 8.8 描述了求解 $\text{sat}(\mathbf{E}[\varphi_1\mathbf{U}\varphi_2])$ 的过程。

算法 8.8 $\psi = \mathbf{E}[\varphi_1\mathbf{U}\varphi_2]$ 的标记算法

输入：元展 $O = (S,\ E,\ G,\ h)$、CTL 公式 $\psi = \mathbf{E}[\varphi_1\mathbf{U}\varphi_2]$、$\text{sat}(\varphi_1)$、$\text{sat}(\varphi_2)$。

输出：$\text{sat}(\psi)$。

begin

$\text{sat}(\psi) := \text{sat}(\varphi_2)$;

将 $\text{sat}(\varphi_2)$ 中的元素放入队列 Q 中，如果 $\text{sat}(\varphi_2) = \varnothing$，则 $Q = \varnothing$;

while $Q \neq \varnothing$ **do**

    移除队列首部元素，记队首元素为 X，此时 Q 变为 $Q \setminus \{X\}$;

    依据算法 8.4 计算 X 的直接前驱集 $\text{dpre}(X)$;

    for 每一个 $Y \in \text{dpre}(X)$ **do**

        if $Y \in \text{sat}(\varphi_1)$ and $Y \notin \text{sat}(\psi)$ and $Y \notin Q$ **then**

            依据算法 8.5 计算与 Y 对应相同标识的切集 $\text{sm}(Y)$;

            将 $\text{sm}(Y)$ 的元素插入到队列 Q 的尾部，此时 Q 变为 $Q \cup \text{sm}(Y)$;

            $\text{sat}(\psi) := \text{sat}(\psi) \cup \text{sm}(Y)$;

        endif

    endfor

endwhile

end

例 8.7 依据图 8.3 中的元展求 $\text{sat}(\mathbf{E}[p_6\mathbf{U}p_2])$。由原子命题标记算法可知：

$\text{sat}(p_6) = \{\{c_6,c_7\},\{c_6,c_{11}\},\{c_8,c_9\},\{c_8,c_{13}\}\}$

$\text{sat}(p_2) = \{\{c_1,c_2\},\{c_2,c_3\},\{c_2,c_4\},\{c_6,c_{11}\},\{c_{10},c_{11}\},\{c_8,c_{13}\},\{c_{12},c_{13}\}\}$

依据算法 8.8 可求得

$$\text{sat}(\mathbf{E}[p_6\mathbf{U}p_2]) = \{\{c_1,c_2\},\{c_2,c_3\},\{c_2,c_4\},\{c_6,c_{11}\},\{c_{10},c_{11}\},\{c_8,c_{13}\},$$
$$\{c_{12},c_{13}\},\{c_6,c_7\},\{c_8,c_9\}\}$$

由于 $\{c_6,c_{11}\}$ 已被标记为 p_2、$\{c_6,c_7\}$ 已被标记为 p_6，而 $\{c_6,c_7\}$ 是 $\{c_6,c_{11}\}$ 的直接前驱，所以，$\{c_6,c_7\}$ 与 $\{c_6,c_{11}\}$ 均被标记为 $\mathbf{E}[p_6\mathbf{U}p_2]$。显然，$^{\circ}O = \{c_1,c_2\} \in \text{sat}(\mathbf{E}[p_6\mathbf{U}p_2])$；所以，$\mathbf{E}[p_6\mathbf{U}p_2]$ 对该系统（图 2.1）来说是可满足的。

8.4.4　$\mathbf{AX}\varphi$ 的标记

给定一个 CTL 公式 $\psi = \mathbf{AX}\varphi$，如果一个状态能够被标记为 ψ，则说明 φ 在该状态的所有直接后继状态下必是可满足的。因此，已知 sat(φ) 已求出的情况下，对于 sat(φ) 中的每一个切，都需要先求出该切的所有直接前驱，要判定某个直接前驱能否被标记为 ψ，则还需求解出这个直接前驱的其他直接后继，如果这些直接后继均被标记为 φ，则这个直接前驱就被标记为 ψ，否则，不能被标记为 ψ。这里值得注意的一个问题是由于元展中存在剪枝的问题，所以给定一个切，它在展开中的一个/些直接后继可能不在元展中，如果一个直接后继不在元展中，由于元展的完整性（针对有界 Petri 网的情况），则元展中一定存在另外一个切使得它与这个直接后继对应同一标识。因此，这里所要求解一个切的所有直接后继应当是原 Petri 网中这个切所对应的标识的所有直接后继标识，为简化叙述，这里仍然称为一个切的直接后继集，见算法 8.9。算法 8.10 描述了求解 sat($\mathbf{AX}\varphi$) 的过程。

算法 8.9　求切的直接后继的算法

输入：Petri 网 (P,T,F,M_0)、元展 $O = (S,\ E,\ G,\ h)$、切 X。

输出：与 X 对应的标识的所有直接后继标识集 dsuc(X)。

begin

dsuc(X) := $\varnothing$;

for 每一个 $t \in T$ **do**

　　if $^\bullet t \subseteq h(X)$ **then**

　　　　dsuc(X) := dsuc(X) $\cup \{(h(X) \setminus {}^\bullet t) \cup t^\bullet\}$;

　　endif

endfor

end

算法 8.10　$\psi = \mathbf{AX}\varphi$ 的标记算法

输入：元展 $O = (S,\ E,\ G,\ h)$、CTL 公式 $\psi = \mathbf{AX}\varphi$、sat($\varphi$)。

输出：sat(ψ)。

begin

sat(ψ) := $\varnothing$;

for 每一个 $X \in$ sat(φ) **do**

　　依据算法 8.4 计算 X 的直接前驱集 dpre(X);

　　for 每一个 $Y \in$ dpre(X) **do**

　　　　依据算法 8.9 计算 Y 的直接后继集 dsuc(Y);

　　　　if dsuc(Y) $\subseteq h($sat(φ)$)$ **then**

依据算法 8.5 计算与 Y 对应同一标识的切集 $\mathrm{sm}(Y)$；

$\mathrm{sat}(\psi) := \mathrm{sat}(\psi) \cup \mathrm{sm}(Y)$；

      endif

    endfor

  endfor

end

注：$h(\mathrm{sat}(\varphi))$ 为标记为 φ 的那些切所对应的标识的集合。

下面给出一个复杂一些的例子来综合多个算子。

例 8.8 依据图 8.3 中的元展求 $\mathrm{sat}(\mathbf{EX}(\mathbf{AX}(\mathbf{E}[p_5\mathbf{U}(p_6 \wedge p_7)])))$。由原子命题标记算法可知：

$\mathrm{sat}(p_5) = \{\{c_1, c_5\}, \{c_3, c_5\}, \{c_4, c_5\}\}$

$\mathrm{sat}(p_6) = \{\{c_6, c_7\}, \{c_6, c_{11}\}, \{c_8, c_9\}, \{c_8, c_{13}\}\}$

$\mathrm{sat}(p_7) = \{\{c_6, c_7\}, \{c_7, c_{10}\}, \{c_8, c_9\}, \{c_9, c_{12}\}\}$

由 $\wedge$ 算子的标记算法可知：

$\mathrm{sat}(p_6 \wedge p_7) = \mathrm{sat}(p_6) \cap \mathrm{sat}(p_7) = \{\{c_6, c_7\}, \{c_8, c_9\}\}$

由 **EU** 算子的标记算法可知：

$\mathrm{sat}(\mathbf{E}[p_5\mathbf{U}(p_6 \wedge p_7)]) = \{\{c_1, c_5\}, \{c_3, c_5\}, \{c_4, c_5\}, \{c_6, c_7\}, \{c_8, c_9\}\}$

由 **AX** 算子的标记算法可知：

$\mathrm{sat}(\mathbf{AX}(\mathbf{E}[p_5\mathbf{U}(p_6 \wedge p_7)])) = \{\{c_1, c_5\}, \{c_2, c_3\}, \{c_2, c_4\}, \{c_3, c_5\}, \{c_4, c_5\}\}$

由 **EX** 算子的标记算法可知：

$$\mathrm{sat}(\mathbf{EX}(\mathbf{AX}(\mathbf{E}[p_5\mathbf{U}(p_6 \wedge p_7)]))) = \{\{c_1, c_2\}, \{c_1, c_5\}, \{c_2, c_3\}, \{c_2, c_4\}, \{c_{10}, c_{11}\},$$
$$\{c_{12}, c_{13}\}\}$$

显然，$^\circ O = \{c_1, c_2\} \in \mathrm{sat}(\mathbf{EX}(\mathbf{AX}(\mathbf{E}[p_5\mathbf{U}(p_6 \wedge p_7)])))$；所以，$\mathbf{EX}(\mathbf{AX}(\mathbf{E}[p_5\mathbf{U}(p_6 \wedge p_7)])))$ 对该系统（图 2.1）来说是可满足的。

8.4.5 $\mathbf{AF}\varphi$ 的标记

给定一个 CTL 公式 $\psi = \mathbf{AF}\varphi$，已知 $\mathrm{sat}(\varphi)$ 已求出。如果一个状态被标记为 φ，则该状态本身要标记为 ψ，但该状态的一个直接前驱能够被标记为 ψ 当且仅当该直接前驱的所有直接后继能够被标记为 ψ；同理，如果一个状态被标记为 ψ，则它的一个直接前驱能够被标记为 ψ 当且仅当该直接前驱的所有直接后继能够被标记为 ψ。

因此，类似于 **EF** 的标记算法，设置一个队列，该列存放新的被标记为 ψ 的切，初始情况为 sat(φ) 中的所有切。从队首取出一个切后，要先求出它的所有直接前驱；然后针对每一个直接前驱，先判定该直接前驱是否为新的（即前面是否标记过 ψ），如果没有被标记过，则再去判定它是否能被标记为 ψ（即求出它的所有直接后继并判定这些直接后继是否已被标记为 ψ，如果均已被标记为 ψ，则该直接前驱就被标记为 ψ，否则当前还不能被标记为 ψ）。算法 8.11 描述了求解 sat(**AF**φ) 的过程。

算法 8.11 $\psi = \mathbf{AF}\varphi$ 的标记算法

输入：元展 $O = (S, E, G, h)$、CTL 公式 $\psi = \mathbf{AF}\varphi$、sat($\varphi$)。

输出：sat(ψ)。

begin

sat(ψ) := $\varnothing$;

将 sat(φ) 中的元素放入队列 Q 中，如果 sat(φ) = $\varnothing$，则 $Q = \varnothing$;

while $Q \neq \varnothing$ **do**

    移除队列首部元素，记队首元素为 X，此时 Q 变为 $Q \setminus \{X\}$;

    sat(ψ) := sat(ψ) $\cup \{X\}$;

    依据算法 8.4 计算 X 的直接前驱集 dpre(X);

    for 每一个 $Y \in$ dpre(X) **do**

        if $Y \notin$ sat(ψ) $\cup Q$ **then** //Y 以前未被标记为 ψ

            依据算法 8.9 求出 Y 的所有直接后继 dsuc(Y);

            if dsuc(Y) $\subseteq h($sat(ψ) $\cup Q)$ **then** //Y 的每个直接后继都能被标记为 ψ

                依据算法 8.5 计算与 Y 对应同一标识的切集 sm(Y);

                将 sm(Y) 中的所有切依次插入队列 Q 的尾部;

            endif

        endif

    endfor

endwhile

end

注：$h($sat(ψ) $\cup Q)$ 为 sat(ψ) $\cup Q$ 中的切对应的标识的集合。

    例 8.9 依据图 8.3 中的元展求 sat(**AF**$(p_4 \wedge p_5)$)。由原子命题与 $\wedge$ 算子的标记可知：

$$\mathrm{sat}(p_4 \wedge p_5) = \{\{c_4, c_5\}\}$$

所以，队列的初始只有 $\{c_4, c_5\}$ 这一个元素。取队首元素 $\{c_4, c_5\}$ 后，求得它的直接前驱为 $\{c_1, c_5\}$ 与 $\{c_2, c_4\}$。针对 $\{c_1, c_5\}$ 来说，求得它的直接后继有两个：$\{c_3, c_5\}$ 与 $\{c_4, c_5\}$，虽然后者已被标记但前者还没有被标记，所以 $\{c_1, c_5\}$ 不能被标记。针对 $\{c_2, c_4\}$ 来说，它的直接后继只有 $\{c_4, c_5\}$ 且已被标记，所以 $\{c_2, c_4\}$ 被放入队列中（可以被标记）。然后再取出队首元素 $\{c_2, c_4\}$，求得它的直接前驱为 $\{c_1, c_2\}$，但 $\{c_1, c_2\}$ 的三个直接后继 $\{c_1, c_5\}$、$\{c_2, c_3\}$ 与 $\{c_2, c_4\}$ 中的前两个均未被标记，所以 $\{c_1, c_2\}$ 目前不能被标记。然而，目前队列为空，整个标记算法结束，所以求得

$$\mathrm{sat}(\mathbf{AF}(p_4 \wedge p_5)) = \{\{c_2, c_4\}, \{c_4, c_5\}\}$$

显然，${}^\circ O = \{c_1, c_2\} \notin \mathrm{sat}(\mathbf{AF}(p_4 \wedge p_5))$；所以，$\mathbf{AF}(p_4 \wedge p_5)$ 对该系统（图 2.1 所示）来说是不可满足的。

8.4.6 $\mathbf{A}[\varphi_1 \mathbf{U} \varphi_2]$ 的标记

给定一个 CTL 公式 $\psi = \mathbf{A}[\varphi_1 \mathbf{U} \varphi_2]$，已知 $\mathrm{sat}(\varphi_1)$ 与 $\mathrm{sat}(\varphi_2)$ 已求出，则 $\mathrm{sat}(\varphi_2)$ 中的所有切均应当被标记为 $\mathbf{A}[\varphi_1 \mathbf{U} \varphi_2]$；然后，对 $\mathrm{sat}(\varphi_2)$ 中的每一个切来说，先求出它的所有直接前驱，如果一个直接前驱被标记为 φ_1 并且它的每个直接后继都已被标记为 $\mathbf{A}[\varphi_1 \mathbf{U} \varphi_2]$，则该直接前驱就应当被标记为 $\mathbf{A}[\varphi_1 \mathbf{U} \varphi_2]$；同理，针对每一个被标记为 $\mathbf{A}[\varphi_1 \mathbf{U} \varphi_2]$ 的切来说，先求出它的所有直接前驱，针对每一个直接前驱，如果它被标记为 φ_1 并且它的每个直接后继都已被标记为 $\mathbf{A}[\varphi_1 \mathbf{U} \varphi_2]$，则该直接前驱就应当被标记为 $\mathbf{A}[\varphi_1 \mathbf{U} \varphi_2]$；重复上述标记过程，直到没有新的可被标记的切。算法 8.12 描述了求解 $\mathrm{sat}(\mathbf{A}[\varphi_1 \mathbf{U} \varphi_2])$ 的过程。

算法 8.12 $\psi = \mathbf{A}[\varphi_1 \mathbf{U} \varphi_2]$ 的标记算法

输入：元展 $O = (S, E, G, h)$、CTL 公式 $\psi = \mathbf{A}[\varphi_1 \mathbf{U} \varphi_2]$、$\mathrm{sat}(\varphi_1)$、$\mathrm{sat}(\varphi_2)$。

输出：$\mathrm{sat}(\psi)$。

begin

$\mathrm{sat}(\psi) := \varnothing$；

将 $\mathrm{sat}(\varphi_2)$ 中的元素放入队列 Q 中，如果 $\mathrm{sat}(\varphi) = \varnothing$，则 $Q = \varnothing$；

while $Q \neq \varnothing$ **do**

    移除队列首部元素，记队首元素为 X，此时 Q 变为 $Q \setminus \{X\}$；

    $\mathrm{sat}(\psi) := \mathrm{sat}(\psi) \cup \{X\}$；

    依据算法 8.4 计算 X 的直接前驱集 $\mathrm{dpre}(X)$；

    for 每一个 $Y \in \mathrm{dpre}(X)$ **do**

        if $Y \in \mathrm{sat}(\varphi_1) \wedge Y \notin \mathrm{sat}(\psi) \cup Q$ **then**

            依据算法 8.9 求出 Y 的所有直接后继 $\mathrm{dsuc}(Y)$；

$\qquad$**if** $\mathrm{dsuc}(Y) \subseteq h(\mathrm{sat}(\psi) \cup Q)$ **then**

$\qquad\qquad$依据算法 8.5 计算与 Y 对应同一标识的切集 $\mathrm{sm}(Y)$;

$\qquad\qquad$将 $\mathrm{sm}(Y)$ 的元素依次插入队列 Q 的尾部;

$\qquad$**endif**

$\qquad$**endif**

$\quad$**endfor**

endwhile

end

例 8.10　　依据图 8.3 中的元展求 $\mathrm{sat}(\mathbf{A}[\neg p_6 \mathbf{U}(p_6 \wedge p_7)])$。由原子命题、$\neg$ 算子与 $\wedge$ 算子的标记可知:

$$\mathrm{sat}(p_6 \wedge p_7) = \{\{c_6, c_7\}, \{c_8, c_9\}\}$$

$$\mathrm{sat}(\neg p_6) = \{\{c_1, c_2\}, \{c_1, c_5\}, \{c_2, c_3\}, \{c_2, c_4\}, \{c_3, c_5\}, \{c_4, c_5\}, \{c_7, c_{10}\},$$
$$\{c_{10}, c_{11}\}, \{c_9, c_{12}\}, \{c_{12}, c_{13}\}\}$$

所以, 队列的初始只有 $\{c_6, c_7\}$ 与 $\{c_8, c_9\}$, 即它们均被标记为 $\mathbf{A}[\neg p_6 \mathbf{U}(p_6 \wedge p_7)]$。针对队首元素 $\{c_6, c_7\}$, 它的直接前驱只有 $\{c_3, c_5\}$, 而 $\{c_3, c_5\} \in \mathrm{sat}(\neg p_6)$ 并且它的直接后继是已被 $\mathbf{A}[\neg p_6 \mathbf{U}(p_6 \wedge p_7)]$ 标记的, 所以 $\{c_3, c_5\}$ 入队; 同理, 队列元素 $\{c_8, c_9\}$ 的直接前驱是 $\{c_4, c_5\}$, 而 $\{c_4, c_5\} \in \mathrm{sat}(\neg p_6)$ 并且它的直接后继也是已被 $\mathbf{A}[\neg p_6 \mathbf{U}(p_6 \wedge p_7)]$ 标记的, 所以 $\{c_4, c_5\}$ 也入队。再取队首元素 $\{c_3, c_5\}$: 它有两个直接前驱 $\{c_1, c_5\}$ 与 $\{c_2, c_3\}$; $\{c_1, c_5\} \in \mathrm{sat}(\neg p_6)$ 并且它的两个直接后继 $\{c_3, c_5\}$ 与 $\{c_4, c_5\}$ 均被标记为 $\mathbf{A}[\neg p_6 \mathbf{U}(p_6 \wedge p_7)]$, 所以 $\{c_1, c_5\}$ 被放入队列。如此求解下去, 得到

$$\mathrm{sat}(\mathbf{A}[\neg p_6 \mathbf{U}(p_6 \wedge p_7)]) = \{ \text{所有的切} \} \setminus \{\{c_6, c_{11}\}, \{c_8, c_{13}\}\}$$

显然, ${}^{\circ}O = \{c_1, c_2\} \in \mathrm{sat}(\mathbf{A}[\neg p_6 \mathbf{U}(p_6 \wedge p_7)])$; 所以, $\mathbf{AF}(p_4 \wedge p_5)$ 对该系统 (图 2.1) 来说是可满足的。

8.5　应用实例: 无饥饿的哲学家就餐

8.5.1　无饥饿的哲学家就餐问题描述及其 Petri 网模型

前面已经介绍了哲学家就餐模型, 这里阐述饥饿问题 (公平性)。为了简化分析, 使用图 8.5 (a) 所示模型, 其中只考虑两个哲学家, 同时增加了准备就餐的环节, 分别由库所 $p_{1,2}$ 与 $p_{2,2}$ 表示。

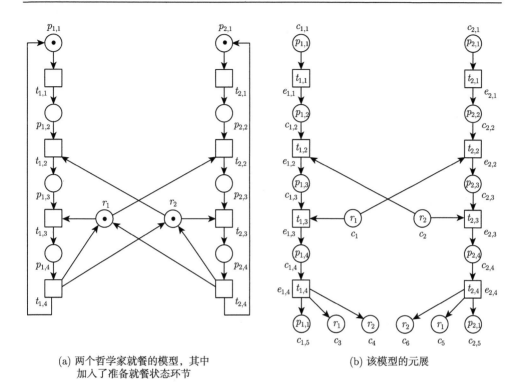

(a) 两个哲学家就餐的模型，其中
加入了准备就餐状态环节

(b) 该模型的元展

图 8.5 两个哲学家就餐的模型及其元展

无饥饿性（公平性）[55,164] 是指当一个哲学家准备就餐后，他总能吃到；当库所 $p_{i,2}$ 被标识后，在后续的任何执行路径上库所 $p_{i,4}$ 都能被标识，这里 $i \in \{1,2\}$。这反映了系统资源分配或任务调度的公平性。

在图 8.5（a）所示的系统中，有三种情况表示这个系统存在饥饿。

情况 1：存在死锁状态 $[\![p_{1,3}, p_{2,3}]\!]$，这意味着每个哲学家都永远吃不到。

情况 2：当 $p_{1,2}$ 被标识后，存在变迁序列 $t_{2,1}t_{2,2}t_{2,3}t_{2,4}$ 可以无限地重复发生，使得 $p_{1,4}$ 永远没有被标识，即第二个哲学家一直得到叉子去吃，对第一个哲学家不公平。

情况 3：与情况 2 类似，第一个哲学家一直得到叉子去吃，对第二个哲学家不公平。

下面的 CTL 公式表示了公平性：

$$\mathbf{AF}(\mathbf{EF}(p_{1,2} \wedge \mathbf{AF}(p_{1,4}))) \wedge \mathbf{AF}(\mathbf{EF}(p_{2,2} \wedge \mathbf{AF}(p_{2,4})))$$

$\mathbf{AF}(\mathbf{EF}(p_{1,2} \wedge \mathbf{AF}(p_{1,4})))$ 的含义是对系统运行的每一条路径来说总存在一个状态（即最外层的 $\mathbf{AF}$）满足：存在从该状态开始的某个后续状态（即 $\mathbf{EF}$）使得哲学家 1 准备就餐、并且从该后继状态开始的每一条路径上都存在一个状态使得哲学家 1 在就餐（即第二个 **AF**）。

$\mathbf{AF}(\mathbf{EF}(p_{2,2} \wedge \mathbf{AF}(p_{2,4})))$ 的含义与上面的类似。

由于对称性以及这两个子公式是合取关系，所以只需验证其中一个子公式即可。下面展示 $\mathbf{AF}(\mathbf{EF}(p_{1,2} \wedge \mathbf{AF}(p_{1,4})))$ 在图 8.5（b）所示的元展上的标记过程：首先，

$$\mathrm{sat}(p_{1,4}) = \{\{c_{1,4}, c_{2,1}\}, \{c_{1,4}, c_{2,2}\}\}$$

所以，

$$\mathrm{sat}(\mathbf{AF}(p_{1,4})) = \{\{c_{1,4}, c_{2,1}\}, \{c_{1,4}, c_{2,2}\}, \{c_{1,3}, c_{2,1}, c_1\}\}$$

又由于

$$\mathrm{sat}(p_{1,2}) = \{\{c_{1,2}, c_{2,1}, c_1, c_2\}, \{c_{1,2}, c_{2,2}, c_1, c_2\}, \{c_{1,2}, c_{2,3}, c_2\}, \{c_{1,2}, c_{2,4}\},$$
$$\{c_{1,2}, c_{2,5}, c_5, c_6\}\}$$

所以，

$$\mathrm{sat}(p_{1,2} \wedge \mathbf{AF}(p_{1,4})) = \varnothing$$

所以，

$$\mathrm{sat}(\mathbf{EF}(p_{1,2} \wedge \mathbf{AF}(p_{1,4}))) = \varnothing$$

所以，

$$\mathrm{sat}(\mathbf{AF}(\mathbf{EF}(p_{1,2} \wedge \mathbf{AF}(p_{1,4})))) = \varnothing$$

所以，该系统不满足公平性。

图 8.6（a）展示了施加就餐许可卡策略 [55] 的模型，即有一张就餐许可卡在两个哲学家之间轮转，如果一个哲学家处于思考状态，而此时就餐许可卡在他这里，他就将卡片传递给下一个哲学家，只有当哲学家处于准备就餐状态且许可卡传递到他这里，他才可以就餐，直到就餐结束，将许可卡传递给下一位哲学家。该策略很好地解决了死锁与公平性，只要处于准备就餐状态，则在有限步内他一定能够就餐。

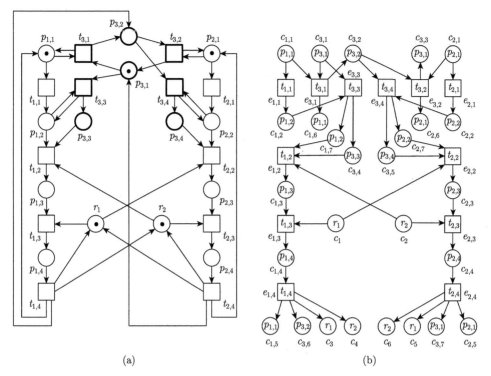

(a)　　　　　　　　　　　　　(b)

图 8.6　带有许可卡的两个哲学家就餐的模型及其元展

8.5.2　基于元展检测无饥饿性

下面展示 $\mathbf{AF}(\mathbf{EF}(p_{1,2} \wedge \mathbf{AF}(p_{1,4})))$ 在图 8.6（b）所示的元展上的验证过程。首先，

$$\mathrm{sat}(p_{1,4}) = \{\{c_{1,4}, c_{2,1}\}, \{c_{1,4}, c_{2,2}\}\}$$

所以，

$$
\begin{aligned}
\mathrm{sat}(\mathbf{AF}(p_{1,4})) = \{ & C_1 = \{c_{1,4}, c_{2,2}\}, C_2 = \{c_{1,4}, c_{2,1}\}, \\
& C_3 = \{c_{1,3}, c_{2,2}, c_1\}, C_4 = \{c_{1,3}, c_{2,1}, c_1\}, \\
& C_5 = \{c_{1,7}, c_{2,2}, c_{3,4}, c_1, c_2\}, C_6 = \{c_{1,7}, c_{2,1}, c_{3,4}, c_1, c_2\}, \\
& C_7 = \{c_{1,2}, c_{2,2}, c_{3,1}, c_1, c_2\}, C_8 = \{c_{1,2}, c_{2,1}, c_{3,1}, c_1, c_2\}, \\
& C_9 = \{c_{1,2}, c_{2,4}\}, C_{10} = \{c_{1,2}, c_{2,3}, c_2\}, \\
& C_{11} = \{c_{1,2}, c_{2,7}, c_{3,5}, c_1, c_2\}, C_{12} = \{c_{1,2}, c_{2,2}, c_{3,2}, c_1, c_2\}, \\
& C_{13} = \{c_{1,2}, c_{2,1}, c_{3,2}, c_1, c_2\}\}
\end{aligned}
$$

在 sat($\mathbf{AF}(p_{1,4})$) 中为每个切取了个名字，这样更容易说明求解过程中这些切的关系：由 $\mathbf{AF}$ 的标记算法可知 sat($\mathbf{AF}(p_{1,4})$) 首先包含了 sat($p_{1,4}$) 中的两个切，即 C_1 与 C_2；由 C_1 求出 C_3 属于 sat($\mathbf{AF}(p_{1,4})$)；由 C_2 与 C_3 求出 C_4、由 C_3 求出 C_5、由 C_4 与 C_5 求出 C_6、由 C_5 求出 C_7、由 C_6 与 C_7 求出 C_8、由 C_8 求出 C_9、由 C_9 可求出 C_{10}、由 C_{10} 求出 C_{11}、由 C_{11} 求出 C_{12}、由 C_{12} 求出 C_{13}。

由于

$$\text{sat}(p_{1,2}) = \{C_5, C_6, C_7, C_8, C_9, C_{10}, C_{11}, C_{12}, C_{13}\} \subset \text{sat}(\mathbf{AF}(p_{1,4}))$$

所以，

$$\text{sat}(p_{1,2} \wedge \mathbf{AF}(p_{1,4})) = \text{sat}(p_{1,2})$$

因此，容易求得

$$\text{sat}(\mathbf{EF}(p_{1,2} \wedge \mathbf{AF}(p_{1,4}))) \text{ 包含了所有的切}$$

所以，

sat($\mathbf{AF}(\mathbf{EF}(p_{1,2} \wedge \mathbf{AF}(p_{1,4})))$) 也包含了所有的切，即该公式对该模型来说是可满足的。所以，该系统满足公平性，即只要一个哲学家准备就餐，他总能就餐。

这里值得注意的是：公式 $\mathbf{AF}(p_{1,4})$ 表示的意义是第一个哲学家总能就餐，但是依据上面的求解可知初始状态并不在 sat($\mathbf{AF}(p_{1,4})$) 中，即该公式在该系统中是不可满足的，原因在于系统中存在变迁序列 $t_{3,1}t_{3,2}$ 可以无限次发生。

8.5.3　实验结果

我们开发的 BUCKER 2.0 [165] 与 Petri 网工具 INA [166] 进行比较（使用内存 64GB、处理器 Intel(R)Xeon(R) 的服务器），此处使用图 8.5（a）所示的哲学家就餐模型，设置哲学家的人数 n 为 $5 \sim 13$。表 8.1 展示的是可达图与元展的规模。我们检测公式为

$$\mathbf{EF}(p_{1,3} \wedge p_{2,3} \wedge \cdots \wedge p_{n,3})$$

该公式表示系统的死锁状态。表 8.2 展示了从产生可达图与元展到检测公式所花费的时间，其中，time1 代表 BUCKER 2.0 产生元展并检测公式

$$\mathbf{EF}(p_{1,3} \wedge p_{2,3} \wedge \cdots \wedge p_{n,3})$$

所花费的时间，time2 代表 INA 产生可达图并检测公式

$$\mathbf{EF}(p_{1,3} \wedge p_{2,3} \wedge \cdots \wedge p_{n,3})$$

所花费的时间。显然，我们的方法具有优势。

表 8.1 图 8.5（a）所示的哲学家就餐问题模型的元展与可达图规模比较

哲学家的人数	元展		可达图的
n	条件库所数	事件变迁数	状态数
5	45	25	573
6	54	30	2041
7	63	35	7269
8	72	40	25889
9	81	45	92205
10	90	50	328393
11	99	55	1169589
12	108	60	4165553
13	117	65	溢出

表 8.2 产生元展与可达图以及检测公式所花费的时间

n	5	6	7	8	9	10	11	12	13
time1/ms	10	35	134	652	3468	17506	88832	443672	2360168
time2/ms	330	730	2940	5310	40910	305190	3600000	> 9 h	溢出

第 9 章　模型检测工具 BUCKER 简介

开源软件 PIPE（Platform Independent Petri net Editor）[167] 是一个用于 Petri 网研究的工具，它具备可视化的界面和一些 Petri 网的基础分析功能模块，如输入 Petri 网、生成可达图等。

在 PIPE 开源的基础上，依据前面的算法，我们开发了模型检测工具 BUCKER（Basic Unfolding based ChecKER），实现了 Petri 网元展与 FCP（Esparza 等 [104] 提出的有限完整前缀生成算法）的生成，实现健壮性的判定、CTL 公式的验证等。图 9.1 展示了工具的界面，包括以下几方面。

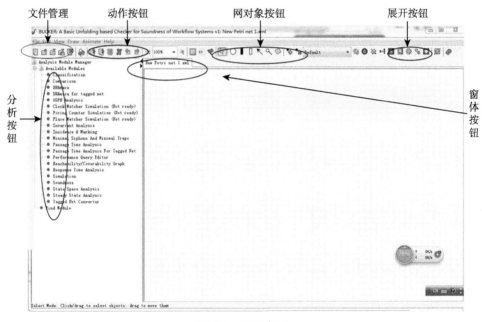

图 9.1　工具窗口

文件管理：新建、打开、保存、删除一个 Petri 网文件或元展文件或 FCP 文件。新建一个 Petri 网，则在图 9.1 所示的主窗体中弹出一个窗体（图 9.2（a）），在这里面可以使用"网对象按钮"中的变迁、库所、弧等按钮创建一个 Petri 网，同时，系统将以 XML 文件保存；所以，也可以在相应的 XML 文件中创建或修改一个 Petri 网。由于元展与 FCP 也是一个网，所以它们既可以图形展示同时又以 XML 文件保存。

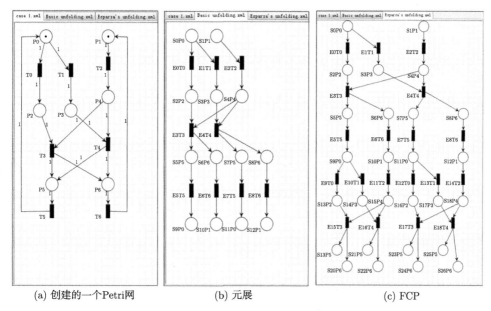

(a) 创建的一个Petri网　　　　(b) 元展　　　　(c) FCP

图 9.2　创建 Petri 网以及生成元展与 FCP 的窗体

动作按钮：主要包括 Petri 网中库所、变迁等对象的删除以及变迁的发生、撤销等。

网对象按钮：创建变迁、库所、弧以及配置托肯等。单击"变迁"按钮（即相应的小长条框），再在窗体上单击一下，则生成一个变迁；库所也类似。单击"弧"按钮，则在窗体上需单击一个变迁再单击一个库所（或者反过来），则生成一条弧。

展开按钮：当创建或打开了一个 Petri 网后（图 9.2（a）），单击这些按钮可以生成元展（图 9.2（b））或 FCP（图 9.2（c））。

分析按钮：包含了 PIPE 自带的一些分析功能，如生成可达图等，还包含我们的健壮性分析、CTL 验证等。

窗体按钮：创建或打开一个 Petri 网后，展示相应的 Petri 网，生成元展或 FCP 后，展示元展或 FCP。单击这些按钮可在这些展示之间切换。

当输入或打开一个工作流网后，单击分析按钮中的 Soundness 按钮，则弹出一个窗体，如图 9.3（a）所示；单击 Classify 则输出检测结果：如果是健壮的，则输出 true，如果是不健壮的，则输出 false 并且输出导致不健壮的原因。当然，在单击 Classify 之前，还可以选择另外的工作流网以检测它的健壮性，默认的是使用当前的网，如图 9.3（a）上面所示。

当输入或打开一个 Petri 网后，单击分析按钮中的 CTLModelChecker 按钮，则弹出一个窗体，如图 9.3（b）所示。在此窗体中同样可以使用当前默认的网，也可以重新通过 Browse 按钮选择另外的待检测的网。在此窗体中输入待检测的 CTL

公式，然后单击 CTL model checking 按钮就可以输出检测结果，同时，输出检测所花费的时间（包含生成元展的时间）。

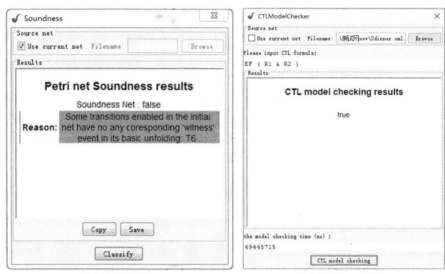

(a) 检测健壮性　　　　　　　　　　(b) 检测CTL公式

图 9.3　检测健壮性与 CTL 公式的窗体

第 10 章　总结与展望

本书第 3 章关于复杂度的内容可参考文献 [73]、 [158]、 [168]～ [171]，第 4 章关于元展的定义与性质的内容可参考文献 [156]、 [172]，第 5 章关于健壮性检测的内容可参考文献 [156]、 [173]，第 6 章关于兼容性检测的内容可参考文献 [87]、 [159]、 [161]、 [174]、 [175]，第 7 章关于死锁检测的内容可参考文献 [73]、 [172]、 [176]，第 8 章关于 CTL 检测的内容可参考文献 [88]、 [164]、 [165]、[177]～ [179]，第 9 章关于工具的内容可参考文献 [165]、 [173]。

本书在 Petri 网分支进程的基础上，提出了 Petri 网的元展这一特殊的分支进程，以刻画 Petri 网的并发行为，并用于检测工作流网的健壮性、跨组织工作流网的兼容性、资源分配网的死锁以及计算树逻辑等；同时，在理论上探索了健壮性判定问题、兼容性判定问题、死锁判定问题的复杂度；书中也提到了一些待研究或完善的工作。

本书检测的这些性质均可能是由系统并发运行所产生的。但是，在分析技术上，除了在验证 CTL 公式中所用到的利用极大团求解切时需要考虑并发关系以及求解元展的过程中需要考虑并发关系，本书其他所检测的问题均可以不用考虑并发，本书研究的重点在于节约检测时的空间复杂度。然而，有些系统缺陷的确需要求解并发关系，如多个进程对同一数据项进行并发读写操作或者多个用户对同一数据库表格进行写操作所造成的数据不一致问题 [144,180,181]。实际上，我们已经利用 Petri 网的展开对并发造成的数据不一致等问题做了初步探索 [144,182–187]；但是，在展开中我们还没有将模型中定义的变迁使能的 guard 函数 [144,180] 考虑到展开中，这是待研究的重要问题之一，也就是说，要研究更高级的 Petri 网（如带有数据操作或表操作的 Petri 网 [144,181,186,187]）的展开的定义，并且利用它做模型检测的研究。

基于 Petri 网与知识计算树逻辑 （computation tree logic of knowledge, CTLK) [179,188,189] 做多方计算隐私与安全 [190,191] 的模型检测是另一个很有意义的研究。我们提出了面向知识的 Petri 网 （knowledge-oriented Petri net, KPN) [179] 来模拟多方计算，每一方的计算过程可以用一个 Petri 网模拟，而多方之间的交互（通过消息传递）也容易用多个 Petri 网的组合来实现；同时，我们定义了知识库所并标注该知识的拥有者，这样就能够模拟每一方的认知过程。CTLK 可以描述多方计算中的关于隐私与安全的需求。在 KPN 之上做 CTLK 的模型检测从而验证所设计的多方计算协议是否满足隐私与安全的需求。如何描述更复杂的知识以及描述窃取并篡改他方知识以及模型检测这些问题，是一个重要的研究。

参 考 文 献

[1] Milner R. Elements of interaction: Turing award lecture. Communications of the ACM, 1993, 36(1): 78-89.

[2] Lamport L. A simple approach to specifying concurrent systems. Communications of the ACM, 1989, 32(1): 32-45.

[3] 陈国良. 并行计算 —— 结构·算法·编程. 3 版. 北京: 高等教育出版社, 2011.

[4] Dantas A, Junior F, Barbosa L. Certification of workflows in a component-based cloud of high performance computing services. Lecture Notes in Computer Science, 2017, 10487: 198-215.

[5] Nielsen M, Chuang I. Quantum Computation and Quantum Information. Cambridge: Cambridge University Press, 2010.

[6] Ojala L, Parviainen E, Penttinen O, et al. Modeling Feynman's quantum computer using stochastic high level Petri nets. Proceedings of IEEE International Conference on Systems, Man, and Cybernetics, Tucson, 2001: 2735-2741.

[7] Chen Y, Horng G, Cheng S, et al. Forming SPN-MapReduce model for estimation job execution time in cloud computing. Wireless Personal Communications, 2017, 94(4): 3465-3493.

[8] Iakushkin O, Shichkina Y, Sedova O. Petri nets for modelling of message passing middleware in cloud computing environments. Lecture Notes in Computer Science, 2016, 9787: 390-402.

[9] Xie R, Jia X. Data transfer scheduling for maximizing throughput of big-data computing in cloud systems. IEEE Transactions on Cloud Computing, 2018, 6(1): 87-98.

[10] Zhou A, He B, Liu C. Monetary cost optimizations for hosting workflow-as-a-service in IaaS clouds. IEEE Transactions on Cloud Computing, 2016, 4(1): 34-48.

[11] Liu J, Cao H, Li Q, et al. A large-scale concurrent data anonymous batch verification scheme for mobile healthcare crowd sensing. IEEE Internet of Things Journal, 2019, 6(2): 1321-1330.

[12] Ni L, Zhang J, Jiang C, et al. Resource allocation strategy in fog computing based on priced timed Petri nets. IEEE Internet of Things Journal, 2017, 4(5): 1216-1228.

[13] Pereira F, Gomes L. Combining data-flows and Petri nets for cyber-physical systems specification. IFIP Advances in Information and Communication Technology, 2016, 470: 65-76.

[14] Banaszak Z, Krogh B. Deadlock avoidance in flexible manufacturing systems with concurrently competing process flows. IEEE Transactions on Robotics and Automation,

1990, 6(6): 724-734.

[15] Hsieh F. Robustness analysis of Petri nets for assembly/disassembly processes with unreliable resources. Automatica, 2006, 42(7): 1159-1166.

[16] Jeng M, Xie X, Peng M. Process nets with resources for manufacturing modeling and their analysis. IEEE Transactions on Robotics and Automation, 2002, 18(6): 875-889.

[17] Xie X, Jeng M. ERCN-merged nets and their analysis using siphons. IEEE Transactions on Robotics and Automation, 1999, 15(4): 692-703.

[18] Xing K, Zhou M, Wang F, et al. Resource-transition circuits and siphons for deadlock control of automated manufacturing systems. IEEE Transactions on Systems, Man and Cybernetics, Part A, 2011, 41(1): 74-84.

[19] Yin L, Luo J, Luo H. Tasks scheduling and resource allocation in fog computing based on containers for smart manufacture. IEEE Transactions on Industrial Informatics, 2018, 14(10): 4712-4721.

[20] Legat C, Vogel-Heuser B. A configurable partial-order planning approach for field level operation strategies of PLC-based industry 4.0 automated manufacturing systems. Engineering Applications of Artificial Intelligence, 2017, 66: 128-144.

[21] Long F, Zeiler P, Bertsche B. Modelling the flexibility of production systems in Industry 4.0 for analysing their productivity and availability with high-level Petri nets. IFAC-Papers OnLine, 2016, 49(12): 5680-5687.

[22] Schulze D, Rauchhaupt L, Jumar U. Coexistence for industrial wireless communication systems in the context of industrie 4.0. Proceedings of Australian and New Zealand Control Conference, Gold Coast, 2017: 95-100.

[23] Magee J, Kramer J. Concurrency: State Models and Java Programs. Hoboken: Wiley, 2006.

[24] Roscoe A. Understanding Concurrent Systems. London: Springer, 2010.

[25] Bowman H, Gomez R. Concurrency Theory. London: Springer, 2006.

[26] Duri S, Buy U, Devarapalli R, et al. Application and experimental evaluation of state space reduction methods for deadlock analysis in ADA. ACM Transactions on Software Engineering and Methodology, 1994, 3(4): 340-380.

[27] Hickmott S, Rintanen J, Thiebaux S, et al. Planning via Petri net unfolding. Proceedings of International Joint Conference on Artificial Intelligence, Hyderabad, 2007: 1904-1911.

[28] Valmari A. The state explosion problem. Lecture Notes in Computer Science, 1998, 1491: 429-528.

[29] Wolf K. Generating Petri net state space. Lecture Notes in Computer Science, 2007, 4546: 29-42.

[30] Jorgensen P. Software Testing: A Craftsman's Approach. 4th ed. New York: Auerbach Publishers Inc, 2013.

[31] Clarke E, Grumberg O, Peled D. Modeling Checking. Cambridge: The MIT Press, 1999.

[32] Burch J, Clarke E, Long D. Symbolic model checking with partitioned transition relations. Proceedings of International Conference on Very Large Scale Integration, Edinburgh, 1991: 49-58.

[33] Clarke E, Grumberg O, Hiraishi H, et al. Verification of the Futurebus + cache coherence protocol. Formal Methods in System Design, 1995, 6(2): 217-232.

[34] Duflot M, Kwiatkowska M, Norman G, et al. Practical applications of probabilistic model checking to communication protocols//Formal Methods for Industrial Critical Systems. Hoboken: John Wiley & Sons, 2012.

[35] Hegde M, Jnanamurthy H, Singh S. Modelling and verification of extensible authentication protocol using spin model checker. International Journal of Network Security and Its Applications, 2012, 4(6): 81-98.

[36] Katoen J. Principles of Model Checking. Boston: The MIT Press, 2008.

[37] Podelski A, Rybalchenko A. ARMC: The logical choice for software model checking with abstraction refinement. Lecture Notes in Computer Science, 2007, 4354: 245-259.

[38] Schlich B. Model checking of software for microcontrollers. ACM Transactions on Embedded Computing Systems, 2010, 9(4): 1-27.

[39] Petri C. Kommunikation mit Automaten. Bonn: Institut Fuer Instrumentelle Mathematik, 1962.

[40] Fokkink W. Introduction to Process Algebra. 2nd ed. London: Springer, 2007.

[41] Hoare C. Communicating Sequential Processes. Englewood Cliffs: Prentice Hall, 2015.

[42] Milner R. Communicating and Mobile Systems: The π-calculus. Cambridge: Cambridge University Press, 1999.

[43] Abdulla P, Delzanno G, Begin L. A language-based comparison of extensions of Petri nets with and without whole-place operations. Lecture Notes in Computer Science, 2009, 5457: 71-82.

[44] Bonnet-Torres O, Domenech P, Lesire C, et al. Exhost-pipe: Pipe extended for two classes of monitoring Petri nets. Lecture Notes in Computer Science, 2006, 4024: 391-400.

[45] Du Y, Jiang C, Zhou M. Modeling and analysis of real-time cooperative systems using Petri nets. IEEE Transactions on Systems, Man and Cybernetics, Part A, 2007, 37(5): 643-654.

[46] Finkel A, Goubault-Larrecq J. The theory of WSTS: The case of complete WSTS. Lecture Notes in Computer Science, 2012, 7347: 3-31.

[47] Finkel A, Leroux J. Recent and simple algorithms for Petri nets. Software and Systems Modeling, 2015, 14(2): 719-725.

[48] Kindler E. The ePNK: An extensible Petri net tool for PNML. Lecture Notes in

Computer Science, 2011, 6709: 318-327.

[49] Moutinho F, Gomes L. Asynchronous-channels within Petri net based GALS distributed embedded systems modeling. IEEE Transactions on Industrial Informatics, 2014, 10(4): 2024-2033.

[50] Reisig W. Understanding Petri Nets: Modeling Techniques, Analysis Methods, Case Studies. Berlin: Springer, 2013.

[51] 蒋昌俊. 离散事件动态系统的 PN 机理论. 北京: 科学出版社, 2000.

[52] 蒋昌俊. Petri 网的行为理论及其应用. 北京: 高等教育出版社, 2003.

[53] 林闯. 随机 Petri 网和系统性能评价. 北京: 清华大学出版社, 2005.

[54] 袁崇义. Petri 网原理与应用. 北京: 电子工业出版社, 2005.

[55] 吴哲辉. Petri 网导论. 北京: 机械工业出版社, 2006.

[56] 江志斌. Petri 网及其在制造系统建模与控制中的应用. 北京: 机械工业出版社, 2004.

[57] 汤新民. Petri 网原理及其在民航交通运输工程中的应用. 北京: 中国民航出版社, 2014.

[58] 原菊梅. 复杂系统可靠性: Petri 网建模及其智能分析方法. 北京: 国防工业出版社, 2011.

[59] 罗雪山, 罗爱民. Petri 网在 C4ISR 系统建模、仿真与分析中的应用. 北京: 国防工业出版社, 2007.

[60] 丁志军. 基于 Petri 网精炼的系统建模与分析. 上海: 同济大学出版社, 2017.

[61] 罗军舟, 沈俊, 顾冠群. 从 Petri 网到形式描述技术和协议工程. 软件学报, 2000, 11(5): 606-615.

[62] 焦莉, 陆维明. 基于共享位置的 Petri 网系统综合与保性. 计算机学报, 2007, 30(3): 352-360.

[63] 姚淑珍, 金茂忠. 基于 Petri 网的 UML 状态迁移策略. 北京航空航天大学学报, 2008, 34(1): 79-83.

[64] Murata T. Petri nets: Properties, analysis and applications. Proceedings of the IEEE, 1989, 77(4): 541-580.

[65] Liu G J, Jiang C, Zhou M. Time-soundness of time Petri nets modelling time-critical systems. ACM Transactions on Cyber-Physical Systems, 2018, 2(2): 1-27.

[66] Liu G J, Jiang C. Observable liveness of Petri nets with controllable and observable transitions. Science China Information Sciences, 2017, 60(11): 256-264.

[67] Liu G J, Jiang C. Secure bisimulation for interactive systems. Lecture Notes in Computer Science, 2015, 9530: 625-639.

[68] Liu G J, Jiang C. Behavioral equivalence of security-oriented interactive systems. IEICE Transactions on Information Systems, 2016, E99-D(8): 2061-2068.

[69] Lodde A, Schlechter P, Bauler A, et al. Data consistency in transactional business processes. Lecture Notes in Business Information Processing, 2011, 90: 83-95.

[70] Li Z, Zhou M. Elementary siphons of Petri nets and their application to deadlock prevention in flexible manufacturing systems. IEEE Transactions on Systems, Man and Cybernetics, Part A, 2004, 34(1): 38-51.

[71] Liu G J, Jiang C, Chao D. A necessary and sufficient condition for the liveness of normal nets. The Computer Journal, 2011, 54(1): 157-163.

[72] Liu G J, Jiang C, Zhou M. Two simple deadlock prevention policies for S^{3}PR based on key-resource/operation-place pairs. IEEE Transactions on Automatic Science and Engineering, 2010, 7(4): 945-957.

[73] Liu G J, Jiang C, Zhou M, et al. The liveness of WS^{3}PR: Complexity and decision. IEICE Transactions on Fundamentals, 2013, E96-A(8): 1783-1793.

[74] Piroddi L, Cordone R, Fumagalli I. Selective siphon control for deadlock prevention in Petri nets. IEEE Transactions on Systems, Man and Cybernetics, Part A, 2008, 38(6): 1337-1348.

[75] Tricas F, Martinez J. An extension of the liveness theory for concurrent sequential processes competing for shared resources. Proceedings of IEEE International Conference on Systems, Man, and Cybernetics, Vancouver, 1995: 3035-3040.

[76] Uzam M, Zhou M. An iterative synthesis approach to Petri net-based deadlock prevention policy for flexible manufacturing systems. IEEE Transactions on Systems, Man and Cybernetics, Part A, 2007, 37(3): 362-371.

[77] Wang S, Wang C, Zhou M, et al. A method to compute strict minimal siphons in S^{3}PR based on loop resource subsets. IEEE Transactions on Systems, Man and Cybernetics, Part A, 2012, 42(1): 226-237.

[78] Liu G J, Jiang C. On conditions for the liveness of weakly persistent nets. Information Processing Letters, 2009, 109: 967-970.

[79] Liu G J, Jiang C, Zhou M. Improved sufficient condition for the controllability of weakly dependent siphons in system of simple sequential processes with resources. IET Control Theory and Applications, 2011, 5(9): 1059-1068.

[80] Liu G J, Jiang C. Incidence matrix based methods for computing repetitive vectors and siphons of Petri net. Journal of Information Science and Engineering, 2009, 25(1): 121-136.

[81] Liu G J, Jiang C, Wu Z, et al. A live subclass of Petri nets and their application in modeling flexible manufacturing systems. International Journal of Advanced Manufacturing Technology, 2009, 41(1/2): 66-74.

[82] Liu G J, Chen L. Deciding the liveness for a subclass of weighted Petri nets based on structurally circular wait. International Journal of Systems Sciences, 2016, 47(7): 1533-1542.

[83] Liu G J, Jiang C, Zhou M. Improved condition for controllability of strongly dependent strict minimal siphons in Petri nets. Proceedings of the 7th International Conference on Network, Sensing and Control, Delft, 2011: 359-364.

[84] Desel J, Esparza J. Free Choice Petri Nets: Volume 40 of Cambridge Tracts in Theoretical Computer Science. Cambridge: Cambridge University Press, 1995.

[85] Aalst W, Hee K, Hofstede A, et al. Soundness of workflow nets: Classification, decidability, and analysis. Formal Aspects of Computing, 2011, 23(3): 333-363.

[86] Aalst W, Kindler E, Desel J. Beyond asymmetric choice: A note on some extensitons. Petri Net Newsletter, 1998, 55: 3-13.

[87] Liu G J, Jiang C. Net-structure-based conditions to decide compatibility and weak compatibility for a class of inter-organizational workflow nets. Science China Information Science, 2015, 58(7): 128-143.

[88] Liu G J, Zhou M, Jiang C. Petri net models and collaborativeness for parallel processes with resource sharing and message passing. ACM Transactions on Embedded Computing Systems, 2017, 16(4): 1-20.

[89] Fahland D, Favre C, Koehler J, et al. Analysis on demand: Instantaneous soundness checking of industrial business process models. Data and Knowledge Engineering, 2011, 70(5): 448-466.

[90] Verbeek H, Basten T, van der Aalst W. Diagnosing workflow processes using Woflan. The Computer Journal, 2001, 44(4): 246-279.

[91] Bonet B, Haslum P, Khomenko V, et al. Recent advances in unfolding technique. Theoretical Computer Science, 2014, 551: 84-101.

[92] Engelfriet J. Branching processes of Petri nets. Acta Informatica, 1991, 28: 575-591.

[93] Heljanko K. Minimizing finite complete prefixes. Proceedings of Workshop on Concurrency, Specification and Programming, Warsaw, 1999: 83-95.

[94] Khomenko V. Model Checking Based on Prefixes of Petri Net Unfoldings. Newcastle: University of Newcastle upon Tyne, 2003.

[95] Kondratyev A, Kishinevsky M, Taubin A, et al. Analysis of Petri nets by ordering relations in reduced unfoldings. Formal Methods in System Design, 1998, 12(1): 5-38.

[96] McMillan K. A technique of state space search based on unfolding. Formal Methods in System Design. 1995, 6(1): 45-65.

[97] McMillan K. Symbolic Model Checking. Dordrecht: Kluwer Academic Publishers, 1993.

[98] McMillan K. Using unfoldings to avoid state explosion problem in the verification of asynchronous circuits. Lecture Notes in Computer Science, 1992, 663: 164-174.

[99] Bokor P, Kinder J, Serafini M, et al. Supporting domain-specific state space reductions through local partial-order reduction. Proceedings of IEEE/ACM International Conference on Automated Software Engineering, Lawrence, 2011: 113-122.

[100] Boucheneb H, Barkaoui K. Delay-dependent partial order reduction technique for real time systems. Real-Time Systems, 2018, 54(2): 278-306.

[101] Butler J, Sasao T, Matsuura M. Average path length of binary decision diagrams. IEEE Transactions on Computers, 2005, 54(9): 1041-1053.

[102] Flanagan C, Godefroid P. Dynamic partial-order reduction for model checking

software. ACM SIGPLAN Notices, 2005, 40(1): 110-121.

[103]　Burch J, Clarke E, Mcmillan K, et al. Symbolic model checking: 10^{20} states and beyond. Information and Computation, 1992, 98(2): 142-170.

[104]　Esparza J, Heljanko K. Unfoldings: A Partial-Order Approach to Model Checking. Berlin: Springer, 2010.

[105]　Esparza J, Roemer S, Vogler W. An improvement of McMillan's unfolding algorithm. Formal Methods in System Design, 2002, 20(3): 285-310.

[106]　Leon H, Saarikivi O, Kahkonen K, et al. Unfolding based minimal test suites for testing multithreaded programs. Proceedings of the 15th International Conference on Application of Concurrency to System Design, Brussels, 2015: 40-49.

[107]　Esparza J, Kern C. Reactive and proactive diagnosis of distributed systems using net unfoldings. Proceedings of IEEE International Conference on Application of Concurrency to System Design, Hamburg, 2012: 154-163.

[108]　Haar S. Types of asynchronous diagnosability and the reveals-relation in occurrence nets. IEEE Transactions on Automatic Control, 2010, 55(10): 2310-2320.

[109]　Lutz-Ley A, Loepez-Mellado E. Stability analysis of discrete event systems modeled by Petri nets using unfoldings. IEEE Transactions on Automation Science and Engineering, 2018, 15(4): 1964-1971.

[110]　Chatain T, Jard C. Time supervision of concurrent systems using symbolic unfoldings of time Petri nets. Lecture Notes in Computer Science, 2005, 3829: 196-210.

[111]　He K, Lemmon M. Liveness-enforcing supervision of bounded ordinary Petri nets using partial order methods. IEEE Transactions on Automatic Control, 2002, 47(7): 1042-1055.

[112]　Burns F, Sokolov D, Yakovlev A. A structured visual approach to GALS modeling and verification of communication circuits. IEEE Transactions on Computer-Aided Design of Integrated Circuits and Systems, 2017, 36(6): 938-951.

[113]　Armas-Cervantes A, Baldan P, Dumas M. Diagnosing behavioral differences between business process models. Information Systems, 2016, 56: 304-325.

[114]　Weidlich M, Mendling J, Weske M. Efficient consistency measurement based on behavioral profiles of process models. IEEE Transactions on Software Engineering, 2011, 37(3): 410-429.

[115]　Wang M, Ding Z, Liu G J, et al. Measurement and computation of profile similarity of workflow nets based on behavioral relation matrix. IEEE Transactions on Systems, Man and Cybernetics: Systems, 2018, DOI: 10.1109/TSMC.2018.2852652.

[116]　Esparza J, Heljanko K. Implementing LTL model checking with net unfoldings. Lecture Notes in Computer Science, 2001, 2057: 37-56.

[117]　Schroeter C, Khomenko V. Parallel LTL-X model checking of high-level Petri nets based on unfoldings. Lecture Notes in Computer Science, 2004, 3114: 109-121.

[118] Burkart O, Caucal D, Moller F, et al. Verification on infinite structures//Handbook of Process Algebra. New York: Elsevier Science, 2000: 545-623.

[119] Aalst W. Workflow verification: Fingding control-flow errors using Petri-net-based techniques. Lecture Notes in Computer Science, 2000, 1806: 161-183.

[120] Aalst W. Structural Characterizations of Sound Workflow Nets. Computing Science Report 96/23. Eindhoven: Eindhoven University of Technology, 1996.

[121] Hee K, Sidorova N, Voorhoeve M. Generalized soundness of workflow nets is decidable. Lecture Notes in Computer Science, 2004, 3099: 197-216.

[122] Kindler E, Martens A, Reisig W. Inter-operability of workflow applications: Local criteria for global soundness. Lecture Notes in Computer Science, 2000, 1806: 235-253.

[123] Ouyang C, Dumas M, Aalst W, et al. From business process models to process-oriented software systems. ACM Transactions on Software Engineering and Methodology, 2009, 19(1): 1-37.

[124] Tiplea F, Marinescu D, Lin C. Model checking and abstraction for workflow net verification. Proceedings of the 1st International Workshop on Coordination and Petri Nets, Bologna, 2004: 131-145.

[125] Aalst W. Loosely coupled interorganizational wokflows: Modeling and analyzing workflows crossing organizational boundaries. Information and Management, 2000, 37(2): 67-75.

[126] Aalst W. Interorganizational workflows: An approach based on message sequence charts and Petri nets. System Analysis and Modeling, 1999, 34(3): 335-367.

[127] Aalst W, Mooij A, Stahl C, et al. Service interaction: Patterns, formalization, and analysis. Lecture Notes in Computer Science, 2009, 5569: 42-88.

[128] Kang M, Park J, Froscher J. Access control mechanisms for inter-organizational workflow. Proceedings of the 6th ACM Symposium on Access Control Models and Technologies, Chantilly, 2001: 66-74.

[129] Martens A. On compatibility of web services. Petri Net Newsletter, 2003, 65: 12-20.

[130] Tan W, Fan Y, Zhou M. A Petri net-based method for compatibility analysis and composition of web services in business process execution language. IEEE Transactions on Automation Science and Engineering, 2009, 6(1): 94-106.

[131] Chao D. On the lower bound of monitor solutions of maximally permissive supervisors for a subclass S^3PR of flexible manufacturing systems. International Journal of System Science, 2015, 46(2): 332-339.

[132] Ezpeleta J, Colom J, Martinez J. A Petri net based deadlock prevention policy for flexible manufacturing systems. IEEE Transactions on Robotics and Automation, 1995, 11(2): 173-184.

[133] Kim K, Yavuz-Kahveci T, Sanders B. JRF-E: Using model checking to give advice

on eliminating memory model-related bugs. Automated Software Engineering, 2012, 19(4): 491-530.

[134] Park J, Reveliotis S. Deadlock avoidance in sequential resource allocation systems with multiple resource acquisitions and flexible routings. IEEE Transactions on Automatic Control, 2001, 46(10): 1572-1583.

[135] Wu N, Zhou M. Deadlock resolution in automated manufacturing systems with robots. IEEE Transactions on Automation Science and Engineering, 2007, 4(3): 474-480.

[136] Yang J, Cui H, Wu J, et al. Determinism is not enough: Making parallel programs reliable with stable multithreading. Communications of the ACM, 2014, 57(3): 58-69.

[137] Alejandro L, Petru P. Verification of embedded systems using a Petri net based representation. Proceedings of International Symposium on System Synthesis, Madrid, 2000: 149-156.

[138] Clarke E, Emerson E. Design and synthesis of synchronisation skeletons using branching time temporal logic. Lecture Notes in Computer Science, 1981, 131: 52-71.

[139] Martinez-Araiza U, Loepez-Mellado E. A CTL model repair method for Petri nets. Proceedings of World Automation Congress, Waikoloa, 2014: 654-659.

[140] Okawa Y, Yoneda T. Symbolic computation tree logic model checking of time Petri nets. Electronics and Communications in Japan, 2015, 80(4): 11-20.

[141] Peterson J. Petri Net Theory and the Modeling of Systems. Englewood Cliffs: Printice-Hall, 1981.

[142] Zouari B, Barkaoui K. Parameterized supervisor synthesis for a modular class of discrete event systems. Proceedings of IEEE International Conference on Systems, Man, and Cybernetics, Washington, 2003: 1874-1879.

[143] Li Z, Zhao M. On controllability of dependent siphons for deadlock prevention in generalized Petri nets. IEEE Transactions on Systems, Man and Cybernetics, Part A, 2008, 38(2): 369-384.

[144] Xiang D, Liu G J, Yan C, et al. Detecting data inconsistency based on the unfolding technique of Petri nets. IEEE Transactions on Industrial Informatics, 2017, 13(6): 2995-3005.

[145] Vlugt S, Kleijn J, Koutny M. Coverability and Inhibitor Arcs: An Example. Technical Report 1293, Newcastle: University of Newcastle Upon Tyne, 2011.

[146] Cheng A, Esparza J, Palsberg J. Complexity results for 1-safe nets. Theorem Computer Science, 1995, 147(1/2): 117-136.

[147] Dietze R, Kudlek M, Kummer O. On decidability problems of a basic class of object nets. Fundamenta Informaticae, 2007, 79(3/4): 295-302.

[148] Dufourd C, Finkel A, Schnoebelen P. Reset nets between decidability and undecidability. Lecture Notes in Computer Science, 1998, 1443: 103-115.

[149] Tiplea F, Bocaneala C. Decidability results for soundness criteria of resource-

constrained workflow nets. IEEE Transactions on Systems, Man and Cybernetics, Part A, 2011, 42(1): 238-249.

[150] Garey M, Johnson D. Computer and Intractability: A Guide to the Theory of NP-Completeness. San Francisco: W. H. Freeman and Company, 1976.

[151] Ohta A, Tsuji K. NP-hardness of liveness problem of bounded asymmetric choice net. IEICE Transactions on Fundamentals, 2002, E85-A(5): 1071-1074.

[152] Jones N, Landweber L, Lien Y. Complexity of some problems in Petri nets. Theoretical Computer Science, 1977, 4(3): 277-299.

[153] Ichikawa A, Hiraishi K. A class of Petri nets that a necessary and sufficient condition for reachability is obtainable. Transactions of the Society of Instrument and Control Engineers, 1988, 24(6): 635-640.

[154] Tiplea F, Bocaneala C, Chirosca R. On the complexity of deciding soundness of acyclic workflow nets. IEEE Transactions on Systems, Man and Cybernetics: Systems, 2015, 45(9): 1292-1298.

[155] Khomenko V, Koutny M, Vogler W. Canonical prefixes of Petri net unfoldings. Acta Informatica, 2003, 40(2): 95-118.

[156] Liu G J, Reisig W, Jiang C, et al. A branching-process-based method to check soundness of workflow systems. IEEE Access, 2016, 4: 4104-4118.

[157] 许慎. 说文解字. 北京: 中国书店出版社, 2011.

[158] Liu G J, Sun J, Liu Y, et al. Complexity of the soundness problem of workflow nets. Fundamenta Informaticae, 2014, 131(1): 1-21.

[159] Liu G J, Jiang C, Zhou M, et al. Interactive Petri nets. IEEE Transactions on Systems, Man and Cybernetics: Systems, 2013, 43(2): 291-302.

[160] Bultan T, Fu X, Hull R, et al. Conversation specification: A new approach to design and analysis of E-service composition. Proceedings of the 12th International World Wide Web Conference, Budapest, 2003: 77-88.

[161] 刘关俊. Petri 网活性与应用. 上海: 同济大学出版社, 2019.

[162] Piltan M, Sowlati T. Multi-criteria assessment of partnership components. Expert Systems with Applications, 2016, 64: 605-617.

[163] Bron C, Kerbosch J. Algorithm 457: Finding all cliques of an undirected graph. Communications of the ACM, 1973, 16(9): 575-577.

[164] 刘关俊, 吴哲辉. 改进的哲学家进餐问题无饥饿解的 Petri 网模型. 系统仿真学报, 2007, 19(A01): 26-28.

[165] Dong L, Liu G J, Xiang D. BUCKER 2.0: An unfolding based checker for CTL. Proceedings of the 15th IEEE International Conference of Network, Sensing and Control, Banff, 2019: 1-6.

[166] Roch S, Starke P. INA: Integrated Net Analyzer. https://www2.informatik.hu-berlin.de/~starke/ina.html. [2018-03-02].

[167] Dingle N, Knottenbelt W, Suto T. PIPE2: A tool for the performance evaluation of generalised stochastic Petri nets. ACM SIGMETRICS Performance Evaluation Review, 2009, 36(4): 34-39.

[168] Liu G J, Sun J, Liu Y, et al. Complexity of the soundness problem of bounded workflow nets. Proceedings of the 33rd International Conference on Theory and Application of Petri Nets and Concurrency, Hamburg, 2012: 92-107.

[169] Liu G J. Some complexity results for the soundness problem of workflow nets. IEEE Transactions on Services Computing, 2014, 7(2): 322-328.

[170] Liu G J, Jiang C. Co-NP-hardness of the soundness problem for asymmetric-choice workflow nets. IEEE Transactions on Systems, Man and Cybernetics: Systems, 2015, 45(8): 1201-1204.

[171] Liu G J. Complexity of the deadlock problem for Petri nets modelling resource allocation systems. Information Sciences, 2016, 363: 190-197.

[172] Liu G J, Zhang K, Jiang C. Deciding the deadlock and livelock in a Petri net with a target marking based on its basic unfolding. Proceedings of the 16th International Conference on Algorithms and Architectures for Parallel Processing, Galanada, 2016: 98-105.

[173] Zhang K, Liu G J, Xiang D. BUCKER: A basic unfolding based checker for soundness of workflow systems. Proceedings of the 13th IEEE International Conference of Network, Sensing and Control, Calabria, 2017: 611-616.

[174] Liu G J, Chen L. Sufficient and necessary condition for compatibility of a class of interorganizational workflow Nets. Mathematical Problems in Engineering, 2015, 392945: 1-11.

[175] He L, Liu G J, Wang M. Sufficient and necessary conditions to decide compatibility for simple circuit inter-organization workflow nets. Lecture Notes in Computer Science. 2016, 10065: 408-422.

[176] Liu G J, Jiang C, Zhou M. Process nets with channels. IEEE Transactions on Systems, Man and Cybernetics, Part A, 2012, 42(1): 213-225.

[177] Liu G J, Jiang C. Petri net based model checking for the collaborative-ness of multiple processes systems. Proceedings of the 13th International Conference of Network, Sensing and Control, Mexcico City, 2016: 28-30.

[178] Dong L, Liu G J, Xiang D. Verifying CTL with unfoldings of Petri nets. Lecture Notes in Computer Science, 2018, 11337: 47-61.

[179] He L, Liu G J. Model checking CTLK based on knowledge-oriented Petri nets. Proceedings of the 21st IEEE International Conference on High Performance Computing and Communications (HPCC2019), Zhangjiajie, 2019: 1139-1146.

[180] Sidorova N, Stahl C, Trcka N. Soundness verification for conceptual workflow nets with data: Early detection of errors with the most precision possible. Information

Systems, 2011, 36(7): 1026-1043.

[181] Tao X, Liu G J, Yang B, et al. Workflow nets with tables and their soundness. IEEE Transactions on Industrial Informatics, 2019, 16(3):1503-1515.

[182] Yang B, Liu G J, Xiang D, et al. A heuristic method of detecting data inconsistency based on Petri nets. Proceedings of IEEE International Conference on Systems, Man and Cybernetics, Miyazaki, 2018: 202-208.

[183] He Y, Liu G J, Xiang D, et al. Verifying the correctness of workflow systems based on workflow net with data constraints. IEEE Access, 2018, 6: 11412-11423.

[184] Xiang D, Liu G J, Yan C, et al. Checking the inconsistent data in concurrent systems by Petri nets with data operations. Proceedings of the 22nd International Conference on Parallel and Distributed Systems, Wuhan, 2016: 501-508.

[185] Xiang D, Liu G J, Yan C, et al. DICER: Data inconsistency checker based on the unfolding technique of Petri net. Proceedings of the 13th International Conference of Network, Sensing and Control, Calabria, 2017: 115-120.

[186] Xiang D, Liu G J, Yan C, et al. Detecting data-flow errors based on Petri nets with data operations. IEEE/CAA Journal of Automatica Sinica, 2018, 5(1): 251-260.

[187] Xiang D, Liu G J, Yan C, et al. A guard-driven analysis approach of workflow net with data. IEEE Transactions on Services Computing, 2019, DOI: 10.1109/TSC.2019.2899086.

[188] Wojciech P, Lomuscio A. Verifying epistemic properties of multi-agent systems via bounded model checking. Fundamenta Informaticae, 2003, 55(2): 167-185.

[189] Lomuscio A, Qu H, Raimondi F. MCMAS: An open-source model checker for the verification of multi-agent systems. International Journal on Software Tools for Technology Transfer, 2017, 19(1): 9-30.

[190] Yao C. Protocols for secure computations. Proceedings of the 23rd Annual Symposium on Foundations of Computer Science, Chicago, 1982: 160-164.

[191] 曹天杰, 张永平, 汪楚娇. 安全协议. 北京: 北京邮电大学出版社, 2009.

关键词中英文对照表

安全的	safe
变迁	transition
标号变迁系统	labeled transition system
标识	marking
标识图	marked graph
并发	concurrency
并发关系矩阵	matrix of concurrence relation
并发集	concurrent set (co-set)
并发无向图	concurrent undirected graph
布尔变量	Boolean variable
冲突	conflict
冲突关系矩阵	matrix of conflict relation
出现网	occurrence net
初始标识	initial marking
带有资源的 G-任务	G-task with resource
袋集	bag
电梯调度系统	elevator schedule system
多方计算	multi-party computation
多方交互	interaction among multi-party
多集	multi-set
发生	firing
非对称选择网	asymmetric choice net
分支进程	branching process
覆盖	cover
工作流网	workflow net
公平性	fairness
关联矩阵	incidence matrix
规范化编码	canonical coding
合取范式	conjunctive normal form
虹吸	siphon
后集	post-set
后继	successor

弧	arc
划分问题	partition problem
汇库所	sink place
活锁	livelock
活性	liveness
极大帽	maximal cap
极大团	maximal clique
集合	set
计算树逻辑	computation tree logic (CTL)
兼容性	compatibility
健壮性	soundness
可达图	reachability graph
可达性	reachability
可发生序列	firable sequence
可满足的	satisfiable
可满足性问题	satisfiability problem
可能扩展	possible extension
库所	place
跨组织工作流网	inter-organizational workflow net
连接运算符	connection operator
路径量词	path quantifier
帽	cap
面向知识的 Petri 网	knowledge-oriented Petri net (KPN)
模型检测	model checking
偏序集	partially ordered set
前集	pre-set
前驱	predecessor
前缀	prefix
切	cut
柔性制造系统	flexible manufacturing system
弱兼容性	weak compatibility
弱健壮性	weak soundness
上确界	least upper bound
时态算子	temporal operator
使能	enabling
事件	event
输出变迁	output transition
输出库所	output place

输入变迁	input transition
输入库所	input place
数据不一致	data inconsistency
死锁	deadlock
条件	condition
同态	homomorphism
投影	projection
图灵机	turing machine
团	clique
托肯	token
完全格	complete lattice
网	net
无饥饿	starvation-free
无饥饿的哲学家就餐	starvation-free philosophers' dinning
无向图	undirected graph
析取范式	disjunctive normal form
下确界	greatest lower bound
线性有界自动机	linear bounded automata (LBA)
线性有界自动机的接受问题	LBA acceptance problem
陷阱	trap
因果	causal
因果关系矩阵	matrix of causal relation
有界性	boundedness
有限完整前缀	finite complete prefix
语法树	syntax tree
元展	primary unfolding
原子命题	atomic proposition
源库所	source place
展开	unfolding
哲学家就餐问题	philosophers' dinner problem
真覆盖	properly cover
真后继	proper successor
真前驱	proper predecessor
支集	support
知识计算树逻辑	CTL of knowledge (CTLK)
直接后继	direct successor
直接前驱	direct predecessor
状态方程	state equation

状态机	state machine
资源分配网	net of resource allocation
自冲突	self-conflict
自由选择网	free-choice net
最大元	greatest element
Bron-Kerbosch 算法	Bron-Kerbosch algorithm
co-NP 难的	co-NP hard
co-NP 完全的	co-NP complete
Dickson 引理	Dickson lemma
G-系统	G-system
G-任务	G-task
k-有界的	k-bounded
NP 难的	NP hard
NP 完全的	NP complete
P-不变量	P-invariance
Petri 网	Petri net
PSPACE 难的	PSPACE hard
PSPACE 完全的	PSPACE complete
T-构件	T-component
Tautology 问题	tautology problem
Warshall 算法	warshall algorithm